昆虫のふしぎ　色と形のひみつ

栗林 慧・写真　大谷 剛・文

これはベッコウハゴロモ
という昆虫《こんちゅう》の幼虫《ようちゅう》です。
あなたには、なに
に見《み》えますか。
どうして、
こんな姿《すがた》を
しているの
でしょう。

＊もくじ

昆虫《こんちゅう》は、ふつうすんでいる場所《ばしょ》の色《いろ》やもようの中《なか》に、とけこむようにしてくらしています。
さあ、どこにいるでしょうか。あなたもさがしてみてください。

写真協力《しゃしんきょうりょく》／草野慎二《くさのしんじ》
構成協力《こうせいきょうりょく》／山下宜信《やましたよしのぶ》
イラスト／吉谷昭憲《よしたにあきのり》
むかいながまさ
渡辺洋二《わたなべようじ》

➡キンポウゲ科《か》の花《はな》の上《うえ》でヒラタアブをとらえたハナグモ。

⬇カマキリを食《た》べるヒキガエル。

食《く》ったり食《く》われたり

動物《どうぶつ》は、食《た》べなければ生《い》きていけません。昆《こん》虫《ちゅう》の多《おお》くは、植物《しょくぶつ》を食《た》べていますが、昆虫《こんちゅう》を食《た》べる昆虫《こんちゅう》もいます。その昆虫《こんちゅう》も、多《おお》くの動物《どうぶつ》に食《た》べられています。

ハナグモ、カエル、トカゲは、※虫《むし》の動《うご》きを見《み》てとらえます。ネズミはにおいで、コウモリは超音波《ちょうおんぱ》で、虫《むし》をみつけてとらえます。鳥《とり》は、色《いろ》と形《かたち》で虫《むし》をみわけます。

なかでも鳥《とり》は空《そら》を飛《と》べ、目《め》が発達《はったつ》しています。目《め》で虫《むし》をみつける動物《どうぶつ》のなかでは、鳥《とり》がもっとも多《おお》くの虫《むし》をとらえて食《た》べます。

鳥《とり》たちがどんどん昆虫《こんちゅう》を食《た》べていくと、どういう結果《けっか》になるのでしょうか。

※この本《ほん》では昆虫《こんちゅう》ばかりでなく、クモもあつかっています。両方《りょうほう》をいっしょにして、虫《むし》ということばを使《つか》っています。

↑ひなのためにさまざまな虫《むし》を運《はこ》んでくるモズの親《おや》。鳥《とり》の目《め》には，色《いろ》や形《かたち》が，人《にん》間《げん》がものを見《み》るときと同《おな》じように見《み》えています。

↑緑色《みどりいろ》の葉《は》にとまるツチイナゴの幼虫《ようちゅう》。秋《あき》，成虫《せいちゅう》になると，からだの色《いろ》がかっ色《しょく》になります。そのころの草原《くさはら》はほとんどかれて，かっ色《しょく》です。

緑色《みどりいろ》とかっ色《しょく》の世界《せかい》

草《くさ》は、かっ色《しょく》の土《つち》の上《うえ》に育《そだ》ちます。生《い》きている草《くさ》は、茎《くき》も葉《は》も緑色《みどりいろ》です。かれると、かっ色《しょく》になります。木《き》の幹《みき》は、たいていかっ色《しょく》です。

このような場所《ばしょ》にすむ昆虫《こんちゅう》の多《おお》くは、からだの色《いろ》がまわりの色《いろ》にとてもよくにています。これだと、鳥《とり》もかんたんに昆《こん》虫《ちゅう》をみつけることはできないでしょう。

同《おな》じ種類《しゅるい》の昆虫《こんちゅう》なのに、緑色《みどりいろ》とかっ色《しょく》のなかまにわかれるものもいます。鳥《とり》には、最初《さいしょ》にみつけた虫《むし》の色《いろ》に注目《ちゅうもく》して、その色《いろ》の虫《むし》ばかりさがす性質《せいしつ》があります。それと、なにか関連《かんれん》がありそうです。

↑からだとはねは緑色《みどりいろ》，足《あし》と触角《しょっかく》がかっ色《しょく》のショウリョウバッタ。草《くさ》やぶは緑《みどり》一色《しょく》ではなく，ところどころにかれた茎《くき》や葉《は》がまじっています。からだの色《いろ》も両方《りょうほう》がまじっている方《ほう》がめだちません。

←草《くさ》の少《すく》ない川原《かわら》では，緑色《みどりいろ》はめだちます。でも，カワラバッタのからだの色《いろ》は，まわりの石《いし》や砂《すな》によくにていて，めだちません。

← キアゲハの幼虫《ようちゅう》。アゲハチョウのなかまの幼虫《ようちゅう》は，おどかされると，くさいにおいのする角《つの》をのばします。

↑ ハンミョウは，大《おお》あごでほかの虫《むし》を食《た》べます。鳥《とり》にかみつくこともできます。

↑ モンシロドクガの幼虫《ようちゅう》。背中《せなか》の前《まえ》の方《ほう》に毒毛《どくげ》のたばがあり，さわるとかぶれます。

あざやかな色《いろ》ともよう

鳥《とり》は虫《むし》をみつけしだい食《た》べていきます。そうすると、みつかりやすい色《いろ》の虫《むし》はいなくなってしまいそうです。

でも、注意《ちゅうい》して観察《かんさつ》すると、あざやかな色《いろ》やもようの虫《むし》もたくさんいます。そうしためだつ虫《むし》は、鳥《とり》に食《た》べられてしまわないのでしょうか。

「きれいなバラにはトゲがある」といいます。きれいな色《いろ》やもようの虫《むし》たちにも、「トゲ」にあたるものがあるのかもしれません。

たとえば、キアゲハの幼虫《ようちゅう》をそっとさわってみたら、どうなるでしょうか。

ヒガンバナの花《はな》のかげで，えものが飛《と》んでくるのをまつオオカマキリ。

カマキリのまちぶせ

昆虫《こんちゅう》を食《た》べるカマキリは、バッタと同《おな》じように、緑色《みどりいろ》とかっ色《しょく》の世界《せかい》にすんでいます。だから、からだの色《いろ》も緑色《みどりいろ》かかっ色《しょく》、または両方《りょうほう》がまじった色《いろ》です。

そのうえ、ほそ長《なが》いからだは、草《くさ》の茎《くき》や葉《は》の形《かたち》にもよくにています。

もちろん、こうしたからだの色《いろ》は鳥《とり》にみつかりにくいのですが、自分《じぶん》がえさにする虫《むし》にもみつかりにくいのです。

カマキリは、よく花《はな》にくる昆虫《こんちゅう》たちをねらいます。葉《は》のうらや茎《くき》、花《はな》のかげで、じっとまちぶせています。

⬆とらえたアゲハチョウを生《い》きたまま食《た》べるオオカマキリ。カマキリは，かまのような前足《まえあし》をすばやく動《うご》かして，えものをとらえます。

➡かっ色《しょく》の世界《せかい》にとけこんだコカマキリ。
⬇近《ちか》づいてみると，コカマキリの姿《すがた》が見《み》えてきます。

カマキリのおどかしと反《はん》げき

まわりの色《いろ》や形《かたち》にどんなによくにていても、ぜったいにみつからないということはありません。おなかのすいた鳥《とり》は、けんめいに虫《むし》をさがします。また、いくらそっくりの色《いろ》や形《かたち》でも、動《うご》くと鳥《とり》に虫《むし》であることがわかってしまいます。

みつかったら虫《むし》はどうするでしょうか。カマキリは、自分《じぶん》より大《おお》きい動物《どうぶつ》に出会《であ》うと、前足《まえあし》をそろえ、はねをひろげます。からだをできるだけ大《おお》きくみせるようにして、相手《あいて》をおどかすのです。

それでもだめなときは、するどいとげのあるかまのような前足《まえあし》で、反《はん》げきします。

↑コカマキリは敵《てき》をおどかすとき，前足《まえあし》をからだの前《まえ》でそろえます。前足《まえあし》のもようは，少《すこ》しはなれて見《み》ると〝目《め》〟のようです。

←カマキリの前足《まえあし》は，えものをとらえるときだけでなく，敵《てき》へ反《はん》げきするときの武器《ぶき》にもなります。手《て》をはさまれると，かなりいたく感《かん》じます。

⬆鳥《とり》のふんのような姿《すがた》から緑色《みどりいろ》の姿《すがた》にかわったアゲハチョウの幼虫《ようちゅう》。遠《とお》くからだと，あまりめだちません。

⬆上《うえ》，アゲハチョウの若《わか》い幼虫《ようちゅう》。下《した》，鳥《とり》のふん。鳥《とり》は，自分《じぶん》たちのふんには注意《ちゅうい》をむけません。

アゲハチョウの衣《ころも》がえ

昆虫《こんちゅう》は、一生《いっしょう》のあいだに何回《なんかい》も皮《かわ》をぬぎながら大《おお》きくなります。この皮《かわ》ぬぎのときに、皮《ひ》ふの色《いろ》やもようをかえる昆虫《こんちゅう》もいます。その例《れい》がアゲハチョウです。

アゲハチョウの幼虫《ようちゅう》は、からだが小《ちい》さいあいだは、鳥《とり》のふんにそっくりな色《いろ》ともようをしています。

四回目《かいめ》の皮《かわ》ぬぎをすると、幼虫《ようちゅう》のからだはきゅうに大《おお》きくなります。そして、からだの色《いろ》は緑色《みどりいろ》にかわります。

また、胸《むね》にあたるところには、目玉《めだま》もようがあります。これも、なにか身《み》をまもるために役立《やくだ》っているのでしょうか。

アゲハチョウの幼虫《ようちゅう》は危険《きけん》を感《かん》じると、首《くび》のつけねから黄色《きいろ》い角《つの》をだします。この角《つの》の全体《ぜんたい》から、ミカンのくさったような、いやなにおいがしてきます。

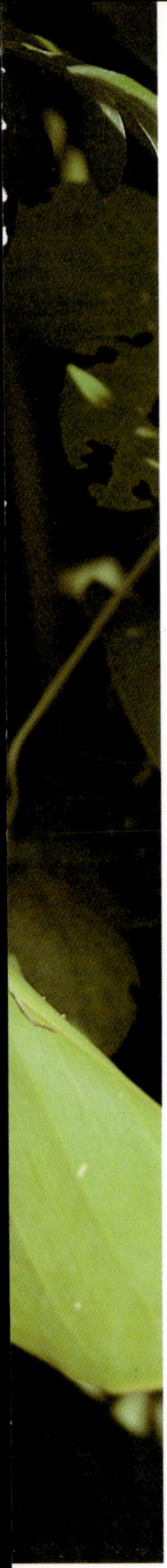

↑ほそい枝《えだ》についた緑色《みどりいろ》のさなぎ。

↑カラタチの幹《みき》についたかっ色《しょく》のさなぎ。

アゲハチョウの幼虫《ようちゅう》は、やがてさなぎになります。このとき、緑色《みどりいろ》のほそい枝《えだ》のところでは緑色《みどりいろ》のさなぎに、かっ色《しょく》のふとい枝《えだ》や幹《みき》のところではかっ色《しょく》のさなぎになります。動《うご》けないさなぎにとって、まわりの色《いろ》ににている方《ほう》がみつかりにくくてつごうがいいのです。

また、二色《しょく》あると鳥《とり》は一方《いっぽう》だけをさがすので、もう片方《かたほう》が助《たす》かりやすい利点《りてん》があります。

緑色《みどりいろ》とかっ色《しょく》のどちらのさなぎからも、黄色《きいろ》と黒《くろ》のしまもようの成虫《せいちゅう》がうまれてきます。このもようは、飛《と》んでいるときはよくめだちます。

でも、木《こ》かげなどにとまると、黒《くろ》いところがかげにとけこんで、めだちにくくなります。

↑上《うえ》，草《くさ》かげで休《やす》むアゲハチョウの成虫《せいちゅう》。日《ひ》のあたる部分《ぶぶん》とかげの部分《ぶぶん》がつくるまだらもようにとけこみ，めだちません。←左《ひだり》，日《ひ》なたにでるとよくめだちます。

➡木《き》の幹《みき》にとまるニイニイゼミ。はねの色《いろ》やもようが木《き》の幹《みき》によくにています。とくにめすは鳴《な》かないので，めだちません。

⬇昼間《ひるま》は木《き》の幹《みき》などで休《やす》み，夕方《ゆうがた》からあみをはって活動《かつどう》するオニグモ。

まわりにとけこむ

昆虫《こんちゅう》の立場《たちば》から、鳥《とり》に食《た》べられないようにするための方法《ほうほう》を考《かんが》えてみましょう。

その方法《ほうほう》の多《おお》くは、鳥《とり》にみつからないようにすることです。自分《じぶん》のからだの色《いろ》によくにた場所《ばしょ》にじっとしていればいいのです。動《うご》かなければ、まわりの色《いろ》にとけこみます。

ほとんどの鳥《とり》は昼間《ひるま》活動《かつどう》します。そこで多《おお》くの虫《むし》たちは、昼間《ひるま》はなるべく動《うご》かないようにし、鳥《とり》がねむりこんだ夜《よる》に活動《かつどう》するようになりました。その代表《だいひょう》が、ガです。

まわりの色《いろ》にとけこむ虫《むし》たちは、自分《じぶん》のからだの色《いろ》を知《し》っているかのように、からだの色《いろ》やもようによくにた場所《ばしょ》で休《やす》みます。

⬆コケのはえた木《き》の幹《みき》にとまるオオシロテンアオヨトウ。ふつうガのなかまは，昼《ひる》のあいだ，ものかげにかくれていますが，このガはかくれる必要《ひつよう》などなさそうです。どこにいるかわかりますか。右《みぎ》の図《ず》が答《こた》えです。

木《き》の枝《えだ》にとまるオニヤンマ。近《ちか》くから撮影《さつえい》しているのでオニヤンマだと気《き》づきますが，遠《とお》くからだとりんかくがはっきりせず，あまりめだちません。

右《みぎ》，ま上《うえ》から見《み》たヒラタミミズクの幼虫《ようちゅう》。左《ひだり》，正面《しょうめん》から見《み》たところ。葉《は》のくぼみにからだをぴったりつけているので，からだのまわりにかげができず，めだちません。

りんかくをぼかす

みつかりにくくするには、からだのりんかくをわからなくしてしまう、という方法《ほうほう》もあります。

からだをひらたくすると、からだのりんかく線《せん》がわかりにくくなります。からだのまわりにかげができないからです。アワフキムシに近《ちか》いなかまのヒラタミミズクの幼《よう》虫《ちゅう》が、このよい例《れい》です。

黄色《きいろ》やオレンジ色《いろ》は、それだけだとめだちますが、黒《くろ》い線《せん》や点《てん》でばらばらにわけられると、虫《むし》の形《かたち》がはっきりしなくなります。アゲハチョウのはね、オニヤンマのからだの色《いろ》ともようなどが、この例《れい》です。

↑チャバネセセリの幼虫《ようちゅう》がチガヤの葉《は》をつづるようす。

↑右《みぎ》，シロオビアワフキの幼虫《ようちゅう》が，しりから出《だ》す液《えき》と空気《くうき》をまぜてあわをつくり，左《ひだり》，からだをおおっていくようす。

かくれが（巣《す》）をつくる

かくれがをつくってその中《なか》にかくれることも、みつからないための方法《ほうほう》の一つです。

コロギスのなかまは葉《は》をつづり、昼間《ひるま》はそこにかくれていて、夜《よる》になると外《そと》へでてきて活動《かつどう》します。

チョウやガの幼虫《ようちゅう》には、自分《じぶん》が食《た》べる葉《は》をつづりあわせて、かくれがをつくるものもいます。チャバネセセリ、キタテハ、ハマキガのなかまなどは、かくれがにしているその葉《は》を少《すこ》しずつ食《た》べながら成長《せいちょう》していきます。

アワフキムシの幼虫《ようちゅう》は、しりからねばねばした液《えき》を出《だ》してあわをつくり、その中《なか》で成虫《せいちゅう》になるまで植物《しょくぶつ》のしるをすってくらします。

昼間《ひるま》、木《こ》の葉《は》をかさねてつくったかくれがにかくれているハネナシコロギス。夜《よる》、外《そと》にでてアブラムシ(アリマキ)などを食《た》べます。

➡右《みぎ》，ハギの花《はな》びらをかみ切《き》るクロモンアオシャク
⬇の幼虫《ようちゅう》。下《した》，ハギの花《はな》びらでからだをおおってい
ます。この幼虫《ようちゅう》はハギの葉《は》も花《はな》びらも食《た》べますが，
食《た》べるのは，きちんとからだをかくしてからです。

アブラムシの体液《たいえき》をすうクサカゲロウの幼虫《ようちゅう》。背中《せなか》に食《た》べかすやごみをくっつけています。

地衣類《ちいるい》を食《た》べるキスジコヤガの幼虫《ようちゅう》が，地《ち》衣類《いるい》の服《ふく》をきています。

移《い》動《どう》するかくれが

かくれがにかくれているだけでなく、かくれがごと移《い》動《どう》する昆虫《こんちゅう》もいます。たとえば、ミノガの幼虫《ようちゅう》ミノムシたちは、からだを木《き》の枝《えだ》やかれ葉《は》ですっぽりつつみます。カタツムリが家《いえ》をせおって移《い》動《どう》するように、ミノムシたちもかくれがごと移《い》動《どう》します。

クロモンアオシャクの幼虫《ようちゅう》はハギの花《はな》びらを、クサカゲロウの幼虫《ようちゅう》は、食《た》べかすやごみを背中《せなか》にくっつけます。こうしておいて、ゆっくり移《い》動《どう》するなら、めだちません。

キスジコヤガの幼虫《ようちゅう》は、地《ち》衣類《いるい》をちぎってからだじゅうにくっつけています。こうなると、「かくれが」というより「服《ふく》」ですね。

鳥《とり》のふんによくにているオジロアシナガゾウムシ。

からだ全体《ぜんたい》がかれ葉《は》そっくりのカレハガ。はねにある脈《みゃく》が葉脈《ようみゃく》のように見《み》えます。

虫《むし》らしくない色《いろ》と形《かたち》

からだの色《いろ》や形《かたち》までが、鳥《とり》のきょうみをひかないものににている虫《むし》がいます。そうすれば、鳥《とり》に気《き》づかれません。

虫《むし》を食《た》べる鳥《とり》たちは、木《き》の芽《め》・枝《えだ》・かれ葉《は》のようなものにはきょうみを示《しめ》しません。食《た》べ物《もの》にならないからです。

鳥《とり》がもっともきょうみを示《しめ》さないものは、自分《じぶん》のふんです。アゲハチョウの小《ちい》さな幼虫《ようちゅう》をはじめ、ふんによくにた虫《むし》がたくさんいるのは、このためです。

このような虫《むし》らしくない色《いろ》と形《かたち》をしている虫《むし》たちは、昼間《ひるま》はじっとして動《うご》かず、鳥《とり》の目《め》をさけているのです。

↑木《き》の芽《め》のようなアオバハゴロモ。敵《てき》がさわるとばらばらの方向《ほうこう》に飛《と》び，敵《てき》をまごつかせます。

↑木《き》の枝《えだ》ににたトビモンオオエダシャクの幼虫《ようちゅう》。（右《みぎ》の太《ふと》い枝《えだ》のような部分《ぶぶん》）

↑緑色《みどりいろ》の木《き》の枝《えだ》ににているオナガグモ。こうして，自分《じぶん》のはったあみの上《うえ》でえものをまちます。

↑トゲナナフシの成虫《せいちゅう》と卵《たまご》（円内《えんない》）。木《き》の枝《えだ》と植物《しょくぶつ》のたねによくにています。

右《みぎ》，タイワントビナナフシが飛《と》んできて，ササに上向《うわむ》きにとまりました。まだ足《あし》で虫《むし》だとわかります。左《ひだり》，2～3秒後《びょうご》，足《あし》をちぢめたのでササの皮《かわ》と区別《くべつ》がつかなくなりました。

かくれる虫《むし》たち

鳥《とり》から身《み》をまもるために、昆虫《こんちゅう》はからだの色《いろ》や形《かたち》だけでなく、からだの向《む》きや姿勢《しせい》まで、まわりのようすにあわせています。

ナナフシのなかまは、植物《しょくぶつ》の上《うえ》にとまるときは、足《あし》を茎《くき》の方向《ほうこう》にそってのばし、からだをぴったりと茎《くき》にくっつけます。ガのなかまでも、はねのもようをとまった場所《ばしょ》のもようにあわせてとまることが知《し》られています。

ここまで、かくれる虫《むし》についていろいろ見《み》てきました。かくれること、背景《はいけい》にとけこむことは、ほんとうに鳥《とり》からのがれるのに役立《やくだ》っているのでしょうか。チャボを使《つか》った実験《じっけん》でたしかめてみましょう。

かくれる色《いろ》の実験《じっけん》

⬆箱《はこ》の底《そこ》にそれぞれ赤色《あかいろ》と黄《き》色《いろ》にそめたタオルをしき，赤色《あかいろ》と黄色《きいろ》にそめたムギ，そめない白《しろ》いムギを50個《こ》ずついれます。それぞれの箱《はこ》のムギをチャボのめすに食《た》べさせました。

⬆右《みぎ》の列《れつ》が赤箱《あかばこ》，左《ひだり》の列《れつ》が黄箱《きばこ》。それぞれ上《うえ》が食《た》べる前《まえ》，下《した》がムギの数《かず》が半分《はんぶん》くらいになったときとりあげたもの。この実験《じっけん》を交互《こうご》に5回《かい》ずつおこなった結果《けっか》が下《した》の棒《ぼう》グラフです。

チャボはおしムギをよく食《た》べます。おしムギを虫《むし》にみたてて実験《じっけん》してみました。左《ひだり》のグラフが結果《けっか》です。赤箱《あかばこ》では、めだつ黄《き》色《いろ》と白《しろ》のムギが、めだたない赤《あか》ムギよりたくさん食《た》べられました。

黄箱《きばこ》では、めだつ赤《あか》ムギとめだたない黄《き》ムギが同《おな》じくらい食《た》べられ、あまりめだたなかったのか、白《しろ》いムギがたくさんのこりました。

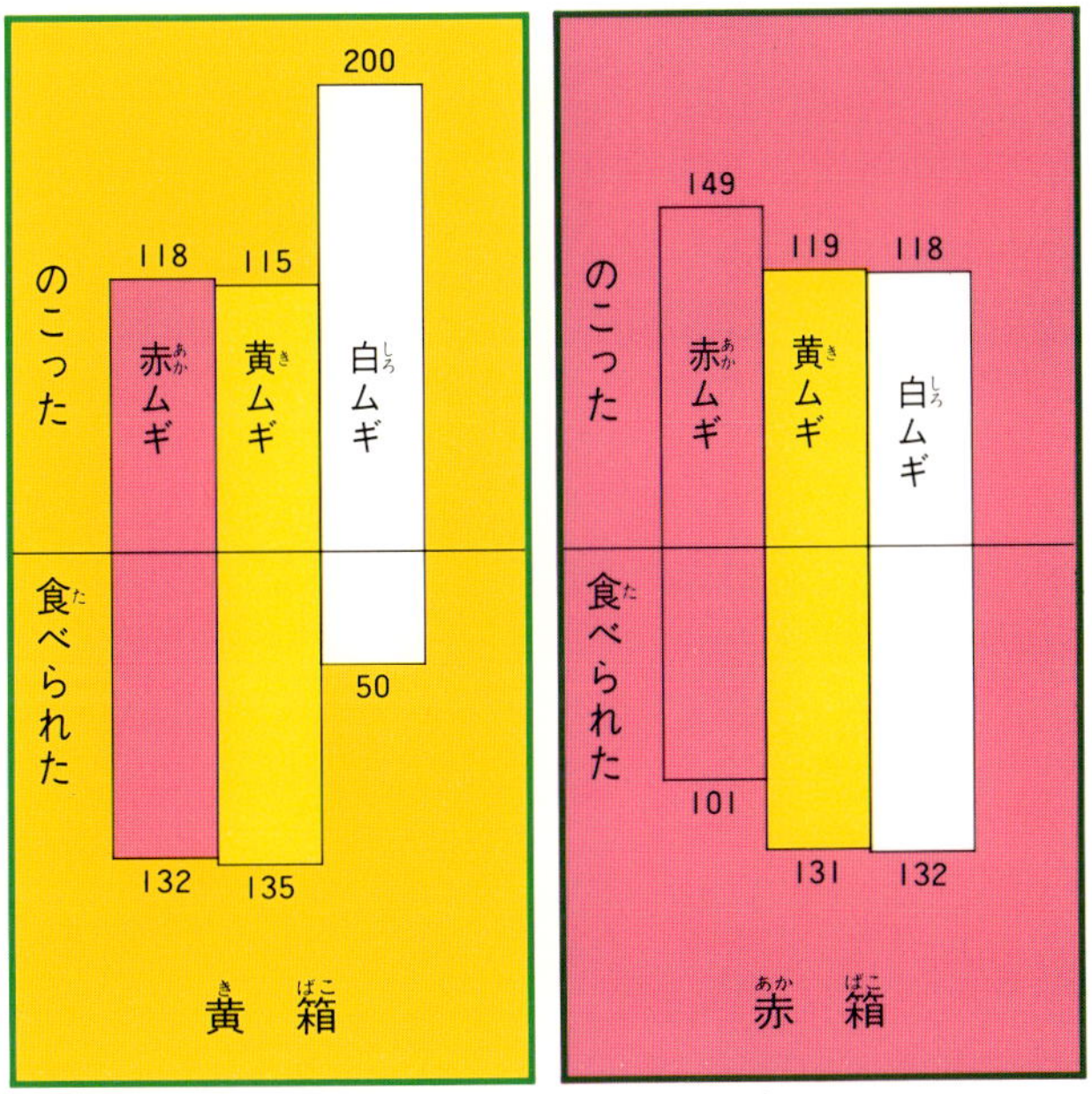

⬆黄箱《きばこ》では，黄《き》ムギより白《しろ》ムギの方《ほう》がチャボには見《み》えにくいのかもしれません。白《しろ》ムギの方《ほう》がたくさん食《た》べのこされたのは，予想外《よそうがい》でした。

右《みぎ》，ウラナミアカシジミのうしろばねの先《さき》には，触角《しょっかく》のようなとっきがあり，そのつけねの黒《くろ》い点《てん》は目《め》のようです。左《ひだり》，上《うえ》から見《み》てもどっちが頭《あたま》かまよいます。

にせの頭《あたま》

どんなにめだたない虫《むし》でも、ときには鳥《とり》にみつかります。では、鳥《とり》にみつかった場《ば》合《あい》、虫《むし》たちはどうするのでしょうか。鳥《とり》は虫《むし》をみつけると、まず頭《あたま》をねらってつつきます。頭《あたま》をおさえてしまえば、にげられないからです。

シジミチョウやヨコバイのなかまには、しりの方《ほう》に頭《あたま》のように見《み》えるもようをもつものがいます。もし、鳥《とり》がにせの頭《あたま》をつついてきたら、反対方向《はんたいほうこう》ににげてしまいます。また、どっちが頭《あたま》か、鳥《とり》が少《すこ》しでもまよえば、そのあいだに、虫《むし》はにげてしまうこともできます。

←モンキヒロズヨコバイのはねには，ガやセミがとまっているようなめだつもんが反対向《はんたいむ》きにあります。一瞬《いっしゅん》このもんにまどわされて，しりの方《ほう》をつつくと，反対方向《はんたいほうこう》ににげます。

↓ヨツメオサゾウムシ。しり（右下《みぎした》）が鼻《はな》のようにのび，はねのもんが目《め》のようなので，頭《あたま》とまちがえてしまいます。

ヒメウラナミジャノメ。はねのうら側《がわ》によくめだつ「蛇《じゃ》の目《め》」もようがあります。

かたい前《まえ》ばねのはしに，めだつもんのあるキボシアオゴミムシ。つつかれたら猛《もう》スピードで走《はし》ってにげます。

攻《こう》げきをさそう目《め》じるし

鳥《とり》は、まわりよりめだつつぶ状《じょう》のものを見《み》ると、「食《た》べられるかな？」とつついてみるくせがあります。

そこで、命《いのち》に別状《べつじょう》のないところに、鳥《とり》の攻《こう》げきをさそう目《め》じるしがあれば、最初《さいしょ》の攻《こう》げきを、そこにむけさせることができます。

チョウやガのはねは、からだにくらべて大《おお》きく、少《すこ》しくらいやぶれてもじゅうぶん飛《と》べます。だから、はねの先《さき》の方《ほう》に黒《くろ》い点《てん》やつぶ状《じょう》のもんのあるチョウやガがたくさんいます。

甲虫《こうちゅう》のなかまにも、頭《あたま》以外《いがい》のところにめだつ色《いろ》の目《め》じるしがある種類《しゅるい》がいます。そこをつつかれてもかたいので、だいじょうぶです。

↑はねのやぶれたヒメウラナミジャノメ。はねが左右対称《さゆうたいしょう》にやぶれているのは，はねをとじているとき，うら側《がわ》の目玉《めだま》もようを鳥《とり》につつかれたのでしょう。

➡コノハチョウはいつも頭《あたま》を下《した》にしてとまり，はねをひらくと，あざやかなオレンジ色《いろ》が目《め》につきます。

⬇でも，はねをとじると，その名《な》のとおり木《こ》の葉《は》にそっくりで，一瞬《いっしゅん》消《き》えてしまったように感《かん》じます。

←飛《と》んでいるムクゲコノハは，うしろばねと腹《はら》の赤《あか》い色《いろ》がめだちます。いったん木《き》の幹《みき》などにとまると，じみな前《まえ》ばねの下《した》に色《いろ》やもようがかくれて，とつぜん消《き》えてしまったように見《み》えます。

虫《むし》が消《き》えた！

チョウには、はねの表側《おもてがわ》がはでな色《いろ》やもようで、うら側《がわ》がめだたないものがいます。たとえば、鳥《とり》がチョウのはねのはでな表《おもて》側《がわ》を見《み》て近《ちか》づいてきたとします。このとき、チョウがとつぜんはねをとじて、うら側《がわ》を見《み》せたらどうでしょう。いままで見《み》えていたチョウが、消《き》えたように感《かん》じるはずです。

また、バッタやガのなかまには、じみな色《いろ》の前《まえ》ばねと、あざやかな色《いろ》やもようのうしろばねをもつものがいます。このうしろばねは、飛《と》んでいるときはよくめだちます。でも、とまったとたんとじた前《まえ》ばねの下《した》にかくれて、虫《むし》がきゅうに見《み》えなくなります。

←クルマバッタの飛《と》ぶところを、短時間《たんじかん》にストロボを連続《れんぞく》して光《ひか》らせ、一枚《まい》のフィルムに重《かさ》ねて写《うつ》したもの。うしろばねは飛《と》ぶとよくめだちます。左下《ひだりした》、とまっているところ。前《まえ》ばねとうしろばねの色《いろ》にちがいがあればあるほど、「消《き》えた！」という感《かん》じは大《おお》きくなります。

⬆右《みぎ》，夜《よる》活動《かつどう》するイボタガは，昼《ひる》間《ま》は木《こ》かげで休《やす》んでいます。左《ひだり》，指《ゆび》でさわると，ぱっと前《まえ》ばねをあげます。それは，どことなくフクロウの顔《かお》をおもわせます。

おどかすための目玉《めだま》もよう

鳥《とり》は虫《むし》を食《た》べますが、鳥《とり》もヘビやイタチ、ワシ・タカ・フクロウなどに食《た》べられます。だから鳥《とり》たちの多《おお》くは、それらの動物《どうぶつ》をおもいださせる大《おお》きな目玉《めだま》もようがきらいなようです。みつけた虫《むし》に大《おお》きな目玉《めだま》もようがあると、鳥《とり》はおそろしがって食《た》べなくなることが、実験《じっけん》でたしかめられています。

チョウやガの幼虫《ようちゅう》は、ほそ長《なが》くて目玉《めだま》もようがあると、ヘビのように見《み》えます。チョウやガの成虫《せいちゅう》にも目玉《めだま》もようがあって、タカやフクロウの顔《かお》のように見《み》えるものがいます。

これらの虫《むし》たちは、鳥《とり》にみつかると、にせの目玉《めだま》をぐっと見《み》せつけて、おどかします。

↑背中《せなか》に大《おお》きな目玉《めだま》もようのあるシロスジトモエの幼虫《ようちゅう》。敵《てき》にみつかると，からだをぐっともちあげて，まるでヘビのようなかっこうをしてみせます。

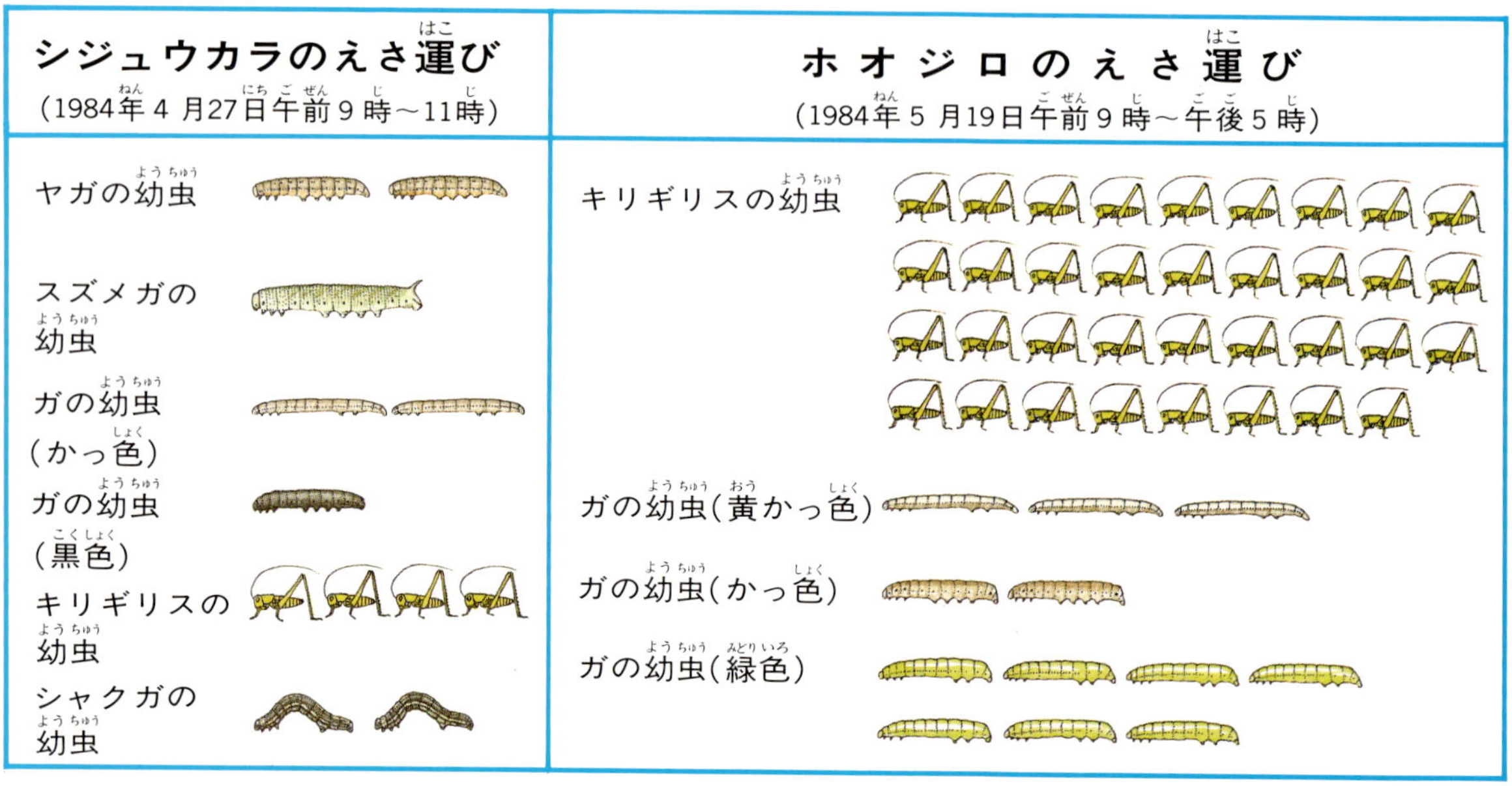

それでも鳥《とり》は虫《むし》を食《た》べる

ある年《とし》の春《はる》、鳥《とり》のえさ運《はこ》びのようすを観察《かんさつ》してみました。結果《けっか》をみると、すべてが昆虫《こんちゅう》の幼虫《ようちゅう》でした。こういう結果《けっか》は、季節《きせつ》や鳥《とり》の種類《しゅるい》によって少《すこ》しずつちがうのですが、鳥《とり》のえさのとり方《かた》を考《かんが》えるてがかりになります。

鳥《とり》は、一度《ど》、目《め》にしたみつけやすい虫《むし》をおぼえていて、どんどん食《た》べていきます。みつかりにくい虫《むし》は、いつもあとまわしです。

そうすると、虫《むし》が鳥《とり》からのがれるためのくふうや手段《しゅだん》にみえるものも、鳥《とり》が食《た》べのこした結果《けっか》と考《かんが》えることができます。つまり、鳥《とり》がどんどん食《た》べるからこそ、虫《むし》はますますみつかりにくくなるのではないでしょうか。

⬆モズのはやにえにされたイナゴ。ヘビやカエル，ネズミ，昆虫《こんちゅう》などが，モズのはやにえにされますが，秋《あき》から冬《ふゆ》にかけてのはやにえには，コオロギやバッタ，イナゴなどの成虫《せいちゅう》が多《おお》くみられます。

←樹液《じゅえき》に飛《と》んできたオオスズメバチ。腹部《ふくぶ》には，めだつしまもようがあります。毒針《どくばり》と大《おお》あご（円内《えんない》）が反《はん》げきの武器《ぶき》です。

↑赤《あか》くてめだつカクムネベニボタル。このなかまは，鳥《とり》にはいやな味《あじ》のようです。

↑ナナホシテントウのもようはめだちます。危険《きけん》を感《かん》じるとくさいしるを出《だ》します。

鳥《とり》がきらう虫《むし》

もし、みつけやすい虫《むし》のなかに、食《た》べてみてまずかったものや、食《た》べる前《まえ》に反《はん》げきをするものがいたら、鳥《とり》はどうするでしょうか。鳥《とり》は、そのような虫《むし》をできるだけあとまわしにすることでしょう。

鳥《とり》には、一度《ど》経験《けいけん》したことをおぼえている能力《のうりょく》があります。だから、鳥《とり》は、いやな経験《けいけん》をした虫《むし》がめだつ色《いろ》やもようをしていると、それをおぼえて、その虫《むし》をみつけても、つぎからは食《た》べないようにします。

テントウムシはくさいしるを出《だ》します。ベニボタルはまずい味《あじ》、ハチは毒針《どくばり》でさします。これらは、鳥《とり》がきらう虫《むし》の代表《だいひょう》です。

テントウムシににているクロボシツツハムシ。でも，くさいしるは出《だ》しません。

ツシマトリノフンダマシはテントウムシによくにた，めずらしいクモです。

鳥《とり》がきらう虫《むし》ににている虫《むし》

鳥《とり》は、いやな目《め》にあわされた虫《むし》をきらって、みつけてもなるべく食《た》べないようにします。

では、自分《じぶん》のきらいな虫《むし》にどこかにている虫《むし》がいたら、鳥《とり》はどうするでしょうか。

そそっかしい鳥《とり》なら、きらいな虫《むし》とかんちがいして食《た》べないでしょう。ものおぼえのいい鳥《とり》なら、いやな目《め》にあわされたことを思《おも》い出《だ》して、食《た》べる気《き》にならないかもしれません。

鳥《とり》がきらう虫《むし》ににている虫《むし》は、たとえ味《あじ》がよくても、鳥《とり》に食《た》べられないことが多《おお》いようです。たとえば、テントウムシににたハムシやクモ、ハチににたガやアブなどは、鳥《とり》がかってに食《た》べのこしてくれる虫《むし》らしいのです。

幼虫時代《ようちゅうじだい》，鳥《とり》にとって毒《どく》になる植物《しょくぶつ》の葉《は》を食《た》べて成長《せいちょう》するスジグロカバマダラは，鳥《とり》にきらわれます。

ツマグロヒョウモンのめす。飛《と》んでいるときは，前《まえ》ばねの先《さき》の白《しろ》いもんがめだち，スジグロカバマダラによくにた感《かん》じに見《み》えます。

交尾《こうび》をしているベニコメツキ。カクムネベニボタルによくにています。

ガのなかまのブドウスカシバ。飛《と》び方《かた》までハチによくにていて，ハチと同《おな》じように昼間《ひるま》活動《かつどう》します。

めだつ色《いろ》の実験《じっけん》

上《うえ》は実験前《じっけんまえ》，下《した》は実験後《じっけんご》。この実《じっ》験《けん》からチャボは，赤《あか》いムギをつついても食《た》べられないことをおぼえるのがわかりました。

31個《こ》の赤《あか》いムギを接着剤《せっちゃくざい》で板《いた》にくっつけ，そこに黄色《きいろ》いムギを31個《こ》ばらまき，チャボに食《た》べさせました。この実験《じっけん》を６回《かい》くりかえし，そのつど，チャボが赤《あか》いムギを何回《なんかい》つついたかをしらべました(左下《ひだりした》のグラフ)。

鳥《とり》がきらう虫《むし》の色《いろ》やもようは、よくめだちました。めだつ色《いろ》の虫《むし》にいやな目《め》にあわされたら、それをおぼえているかどうか、こんどもチャボとおしムギで実験《じっけん》してみましょう。

赤《あか》いムギだけを接着剤《せっちゃくざい》ではりつけます。つついても食《た》べられないので、いやな目《め》にあわせた虫《むし》にみたてたわけです。一回目《かいめ》は赤《あか》いムギを十回《かい》もつつきましたが、四回目《かいめ》にはつつかなくなりました。でも、いっしょにあたえた黄色《きいろ》いムギは、ちゃんとつついて食《た》べました。

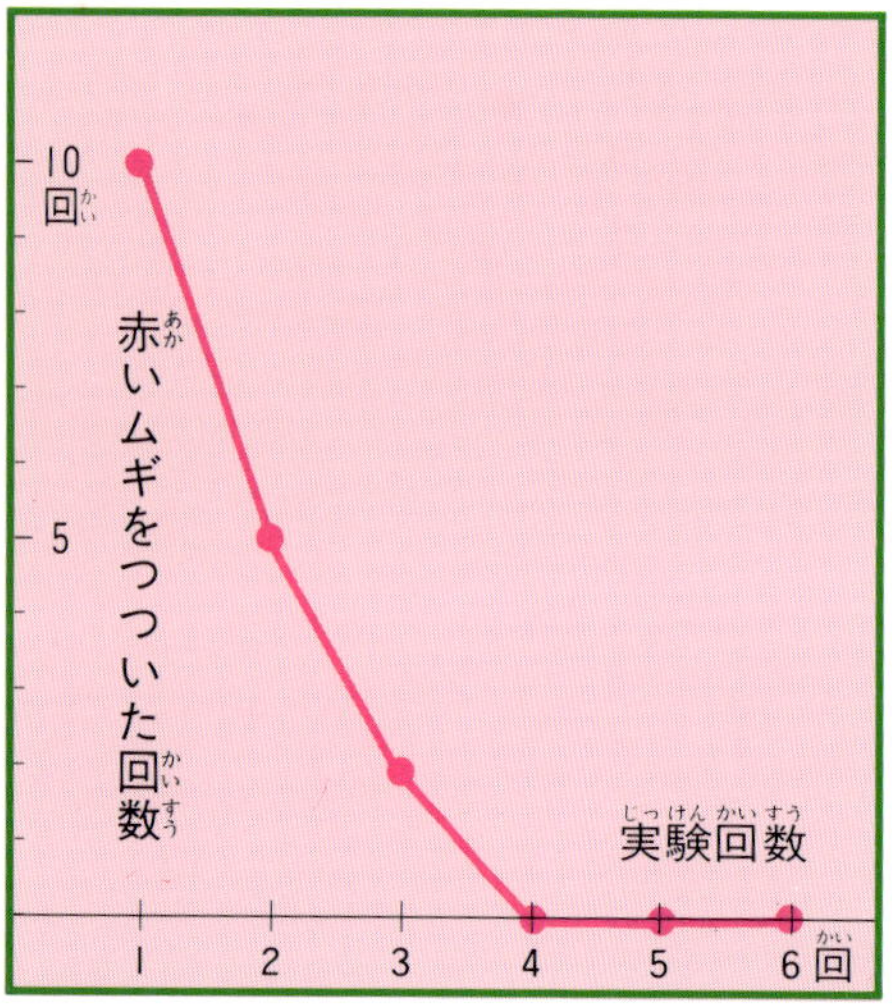

鳥《とり》の食《た》べのこしの実験《じっけん》

合計《ごうけい》36個《こ》の赤《あか》いムギに，板《いた》にくっつけない黄色《きいろ》のムギを35個《こ》まぜ，これをチャボに食《た》べさせました。

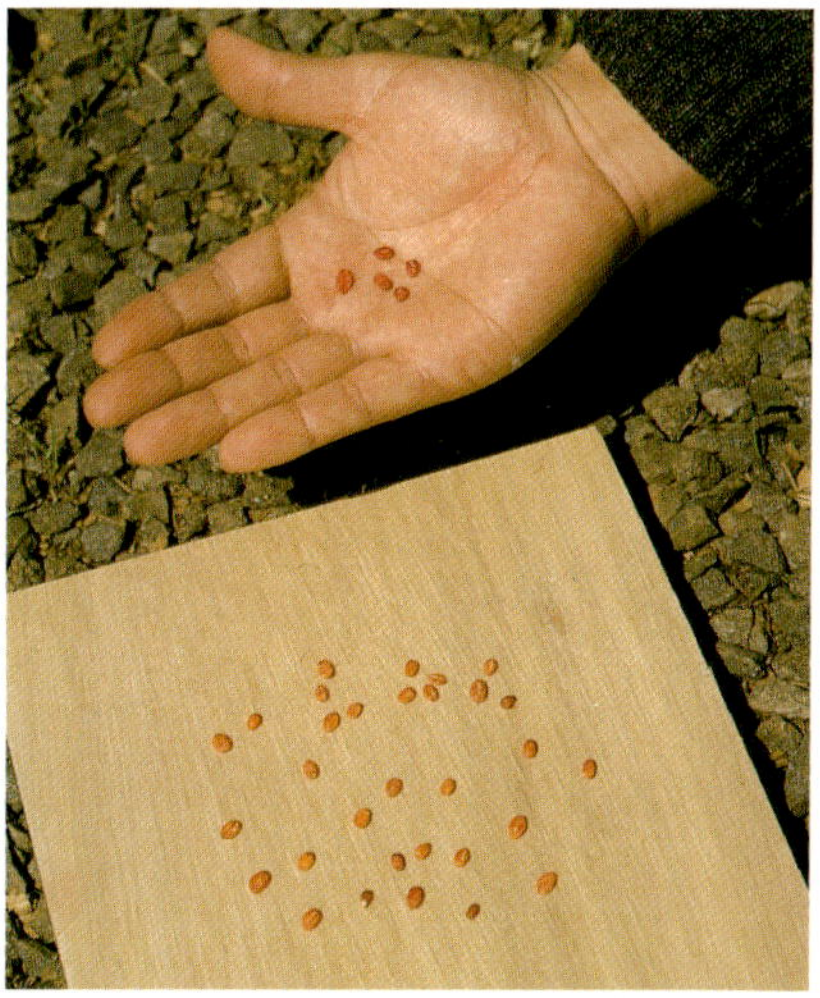

板《いた》にくっつけた31個《こ》の赤《あか》いムギに，やや色《いろ》のこい赤色《あかいろ》のムギを５個《こ》まぜました。この５個《こ》は，板《いた》にくっつけないでおきます。

めだつ色《いろ》の実験《じっけん》につづいて、鳥《とり》がにた色《いろ》をまちがえるかどうか、実験《じっけん》してみましょう。

チャボが接着剤《せっちゃくざい》でつけた赤《あか》いムギをつついてもとれないことをおぼえたところで、こんどは、五個《こ》のやや色《いろ》のこい赤《あか》いムギを接着剤《せっちゃくざい》でくっつけないで、いっしょにまぜてあたえます。

すると、チャボは黄色《きいろ》いムギだけをつついて食《た》べ、接着剤《せっちゃくざい》ではりつけていない五個《こ》のやや色《いろ》のこい赤《あか》いムギも、接着剤《せっちゃくざい》ではりつけた赤《あか》いムギといっしょにのこしてしまいました。

上《うえ》が実験前《じっけんまえ》，下《した》が実験後《じっけんご》。矢印《やじるし》のムギは板《いた》にくっついていないので，食《た》べられるのに全部《ぜんぶ》のこしました。

葉《は》をつづってつくった
かくれがをあけてみると、
出《で》てきたのは、アオバセ
セリの幼虫《ようちゅう》です。からだ
はしまもようで、頭《あたま》は、
まるでテントウムシ。
この虫《むし》をみつけた鳥《とり》は、
どうするでしょうか。

*保護《ほ》《ご》《しょく》色・擬態《ぎたい》・警告色《けいこくしょく》

●保護色《ほごしょく》，擬態《ぎたい》，警告色《けいこくしょく》を「めだつ」「かくれる」にわけて考《かんが》えることができます。

めだつ虫《むし》		かくれる虫《むし》	
めだつ擬態《ぎたい》	警告色《けいこくしょく》(警戒色《けいかいしょく》)	かくれる擬態《ぎたい》	とけこむ色《いろ》(保護色《ほごしょく》)
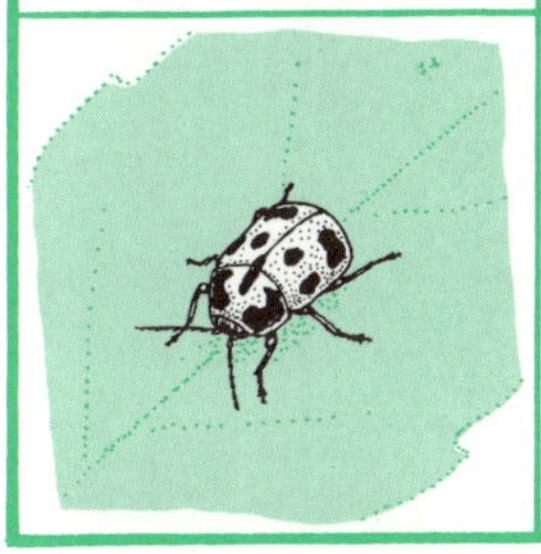		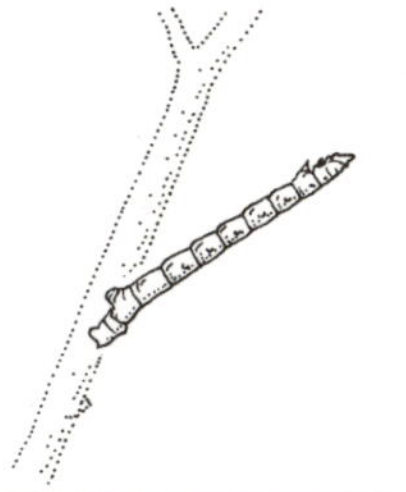	

いままで見《み》てきた虫《むし》の色《いろ》や形《かたち》のふしぎは、むかしから「保護色《ほごしょく》」「擬態《ぎたい》」「警戒色《けいかいしょく》」ということばで説明《せつめい》されてきました。

「保護色《ほごしょく》」は、動物《どうぶつ》のからだの色《いろ》やもようが、まわりの自然《しぜん》の色《いろ》やもようににていて、敵《てき》から「保護《ほご》してくれる色《いろ》」という意味《いみ》です。「擬態《ぎたい》」は、色《いろ》だけでなく形《かたち》まで自然《しぜん》のものやほかの生《い》き物《もの》ににていて、「形《かたち》をまねる」という意味《いみ》です。「警戒色《けいかいしょく》」は、敵《てき》が警戒《けいかい》して食《た》べるのをさけるような色《いろ》という意味《いみ》です。

しかし、これらのことばも、研究《けんきゅう》が進《すす》むにつれて、考《かんが》えなおさなければならない場合《ばあい》がいくつもでてきました。

たとえば、擬態《ぎたい》といっても、かれ葉《は》や木《き》の枝《えだ》ににた虫《むし》もいれば、めだつ虫《むし》によくにた虫《むし》もいます。そのため、「かくれる擬態《ぎたい》」と「めだつ擬態《ぎたい》」にわけて考《かんが》える必要《ひつよう》があります。

保護色《ほごしょく》の場合《ばあい》も、鳥《とり》が食《た》べないようなめだつ色《いろ》を「鳥《とり》から保護《ほご》してくれる色《いろ》」と考《かんが》えると、保護色《ほごしょく》の意味《いみ》があいまいになってきます。

また、警戒色《けいかいしょく》の場合《ばあい》、警戒《けいかい》するのは敵《てき》であって、虫《むし》ではありません。「虫《むし》の方《ほう》から敵《てき》に食《た》べられないことを警告《けいこく》する」という意味《いみ》では、「警告色《けいこくしょく》」と言《い》いかえた方《ほう》がいいでしょう。

鳥《とり》にみつけられたときの虫《むし》の身《み》の守《まも》り方《かた》			
おどし目玉《めだま》	消《き》える効果《こうか》	つつき目標《もくひょう》	にせの頭《あたま》
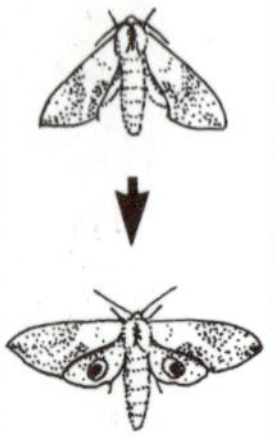	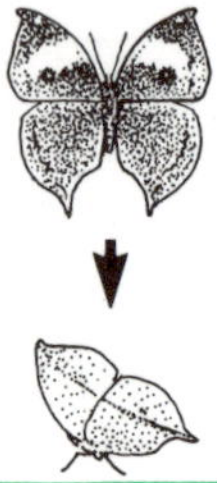		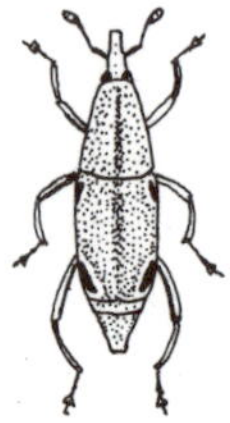

鳥《とり》にみつけられないようにかくれたり，食《た》べられないと警告《けいこく》する虫《むし》の色《いろ》やもよう						
とけこむ色《いろ》	りんかくを消《け》す	かくれる擬《ぎ》態《たい》	かくれが	移《い》動《どう》かくれが	警《けい》告《こく》色《しょく》	めだつ擬《ぎ》態《たい》

＊虫《むし》が身《み》を守《まも》る立場《たちば》から考《かんが》えると…

虫《むし》が鳥《とり》から身《み》を守《まも》る方法《ほうほう》は、鳥《とり》が遠《とお》くにいるのか、近《ちか》くにいるのかで、ちがってきます。

鳥《とり》が遠《とお》くにいるときは、みつからないようにかくれている方法《ほうほう》と、逆《ぎゃく》に、めだつ色《いろ》やもようをみせて、食《た》べてもおいしくないことを警《けい》告《こく》する方法《ほうほう》があります。めだつ擬《ぎ》態《たい》というにせの警《けい》告《こく》もあります。

かくれる方法《ほうほう》には、からだの色《いろ》をまわりの色《いろ》と同《おな》じにしてとけこませる、からだのりんかく線《せん》を消《け》す、鳥《とり》が食《た》べないものにからだをにせる、かくれがにかくれる、からだにいろいろなものをくっつけて動《うご》く、というのがあります。

鳥《とり》が近《ちか》くにやってくるのは、たいてい虫《むし》をみつけたときです。だから、鳥《とり》が近《ちか》くにいるときの身《み》を守《まも》る方法《ほうほう》は、鳥《とり》の攻《こう》げきをいかにしてそらすか、ということなのです。鳥《とり》がちょっとためらったり、まよったりするだけでも、にげるチャンスがふえます。

にせの頭《あたま》やつつきの目《め》じるしになる点《てん》やもんは、そこに鳥《とり》の攻《こう》げきをさそうことができます。からだの一部分《いちぶぶん》にあるめだつ色《いろ》は、きゅうにかくすと、鳥《とり》の目《め》をくらませることができます。そして、大《おお》きな目玉《めだま》もようは、鳥《とり》をこわがらせる効果《こうか》があります。

＊鳥《とり》がかってに選《えら》んで食《た》べる

●かくれる色《いろ》の実験《じっけん》

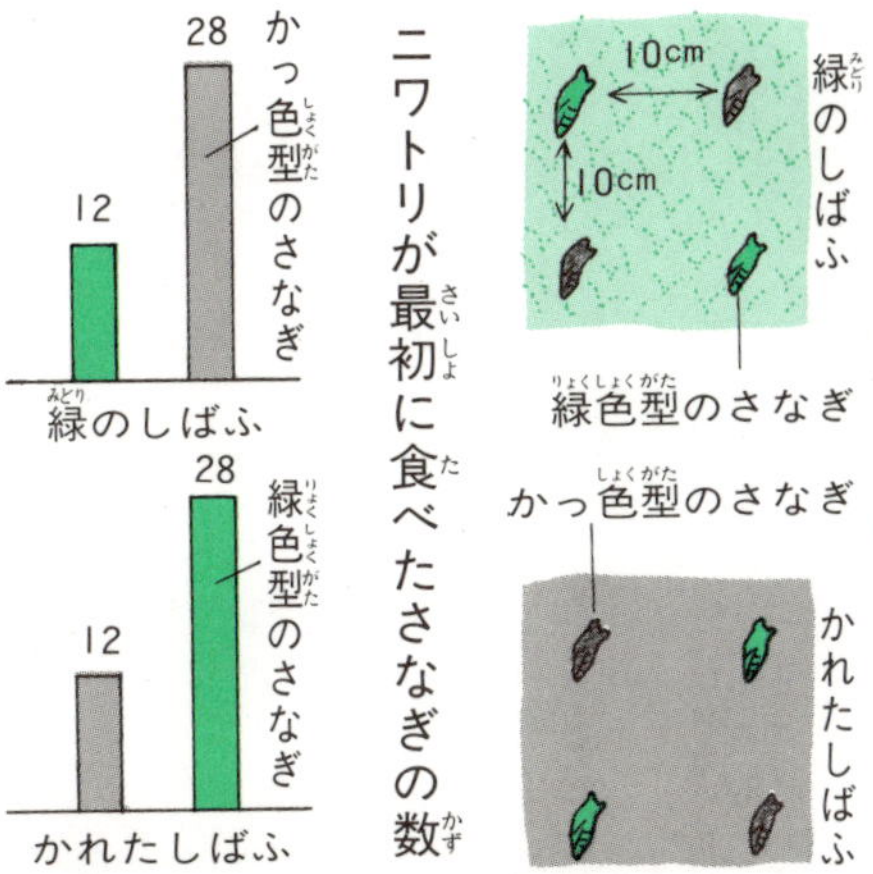

緑色型《りょくしょくがた》とかっ色型《しょくがた》のアゲハチョウのさなぎを，それぞれ二つずつ緑《みどり》のしばふとかれたしばふの上《うえ》におき，ニワトリに食《た》べさせます。この実験《じっけん》では，ニワトリはめだつ色《いろ》の方《ほう》から先《さき》に食《た》べました。（日高・木村・小野坂，1959年）

●かくれる擬態《ぎたい》とカケスの反応《はんのう》

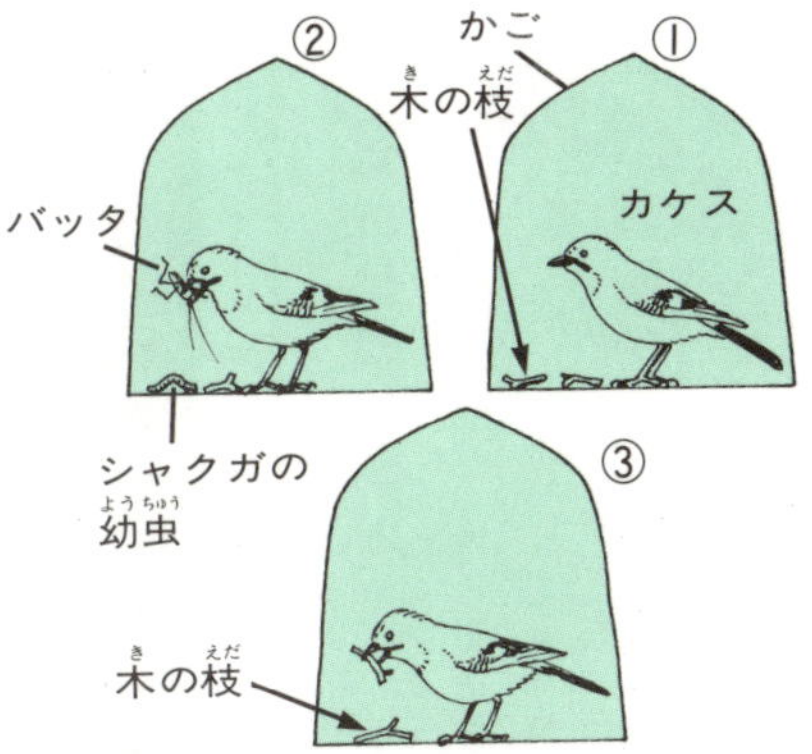

①カケスをかごの中《なか》に木《き》の枝《えだ》といっしょにいれておきます。②12時間後《じかんご》，枝《えだ》によくにたシャクガの幼虫《ようちゅう》とバッタをいれます。バッタはすぐみつけられますが，シャクガの幼虫《ようちゅう》は10分《ぶん》たってもみつけられません。③しかし，いったんみつけると，こんどは木《き》の枝《えだ》までつつくようになりました。（デ・ロイター，1952年）

五十ページにあげた方法《ほうほう》は、それぞれの虫《むし》が自分《じぶん》でくふうしてつくりだしたのでしょうか。

かくれる色《いろ》やめだつ色《いろ》は、遠《とお》くの鳥《とり》にたいする方法《ほうほう》なのですが、虫《むし》の目《め》は鳥《とり》ほどよくないので、鳥《とり》がねらっているかどうか、虫《むし》にはわかりません。鳥《とり》が近《ちか》くにいれば、虫《むし》は鳥《とり》を見《み》ることができますが、自分《じぶん》がどんな色《いろ》やもようをしているのか、虫《むし》には鏡《かがみ》がないので、虫自身《むしじしん》はわかりません。逆《ぎゃく》に、鳥《とり》は食《た》べる側《がわ》ですから、遠《とお》くからでも近《ちか》くからでも、虫《むし》をよく見《み》ています。

そうすると、鳥《とり》に食《た》べられないための方法《ほうほう》は、虫《むし》の方《ほう》でつくりだしたのではなくて、鳥《とり》が虫《むし》をかってに選《えら》んで食《た》べた結果《けっか》によると考《かんが》えた方《ほう》がよさそうです。つまり、鳥《とり》が虫《むし》を食《た》べるときのくせや欠点《けってん》、前《まえ》に食《た》べたことを思《おも》い出《だ》す力《ちから》（記憶力《きおくりょく》）などが、「鳥《とり》から食《た》べられないための虫《むし》のくふう」をつくりだしたのだ、と考《かんが》えることができます。

工業暗化《こうぎょうあんか》の一例《れい》

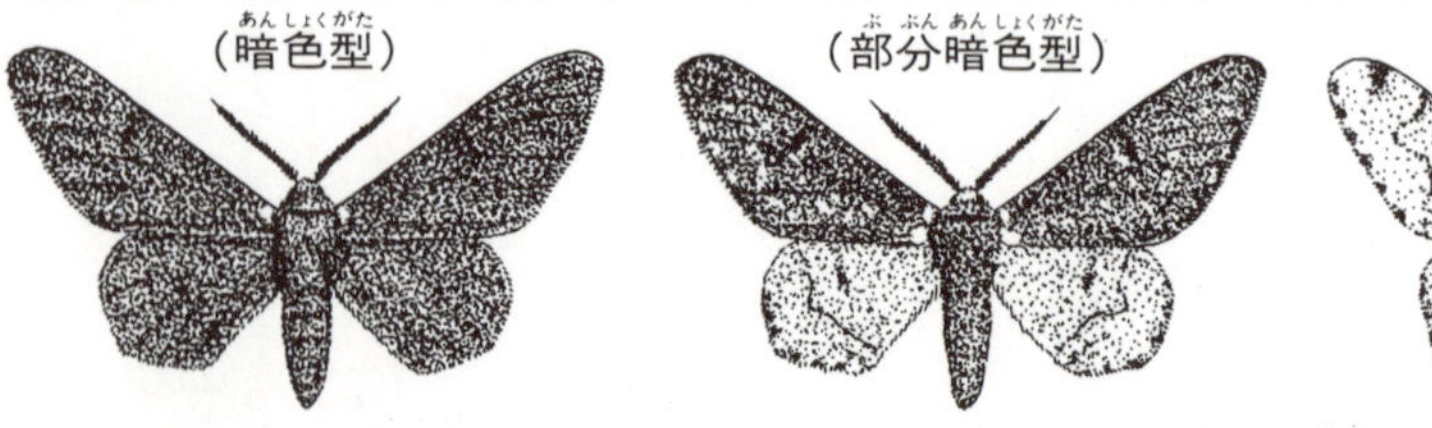

オオシモフリエダシャク(ヨーロッパ亜種《あしゅ》)

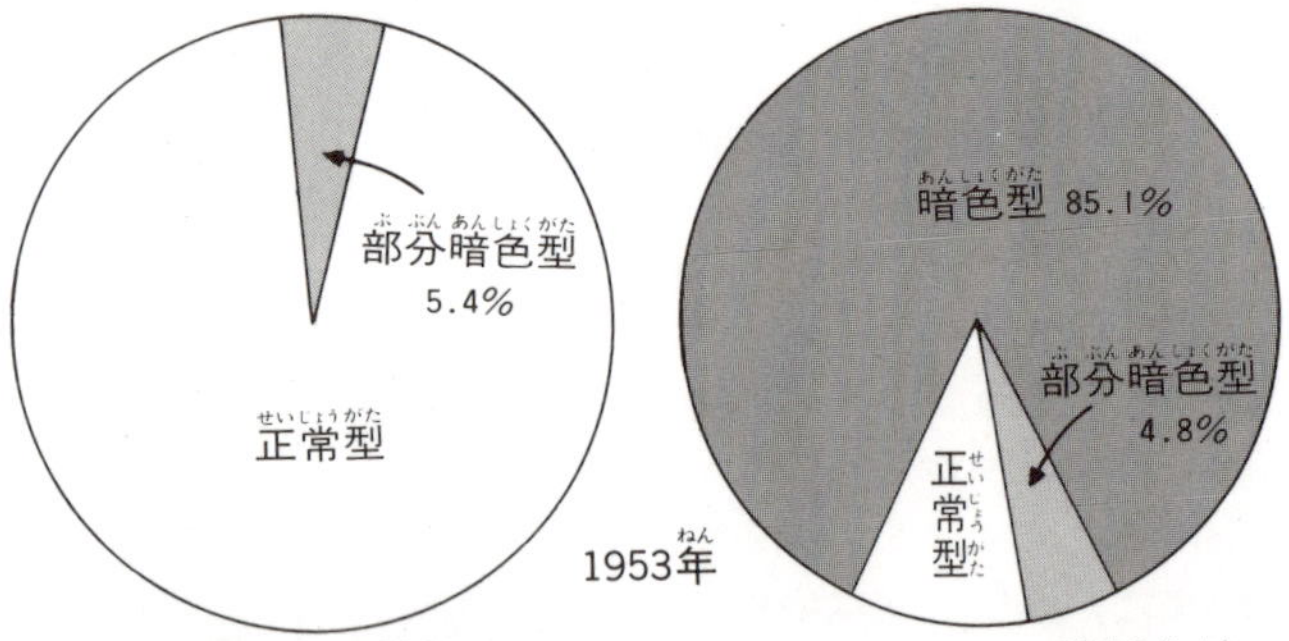

ドーセット(田園地帯《でんえんちたい》)　バーミンガム(工業地帯《こうぎょうちたい》)

イギリスでは、工業暗化《こうぎょうあんか》をひきおこしたガが七十種《しゅ》もみつかりました。一九五三年《ねん》、ケトルウェルは、そのなかのオオシモフリエダシャクを調査《ちょうさ》しました。このガには、三種《しゅ》類《るい》のちがったはねの色《いろ》をもつものがいます。一八五〇年《ねん》以《い》前《ぜん》のイギリスでは、九十五パーセント以上《いじょう》が地衣類《ちいるい》もようの正常型《せいじょうがた》でした。

生物《せいぶつ》が少《すこ》しずつ変化《へんか》して、新《あたら》しい姿《すがた》・形《かたち》になっていくことを、進化《しんか》といいます。進化《しんか》のしくみについて最初《さいしょ》にまとまった考《かんが》え方《かた》を発表《はっぴょう》したのは、イギリスの※チャールズ・ダーウィンです。ダーウィンは、進化《しんか》を農業《のうぎょう》にむすびつけて考《かんが》えました。人間《にんげん》は長《なが》いあいだ作物《さくもつ》を育《そだ》て、家畜《かちく》を飼育《しいく》してきました。そのあいだに、少《すこ》しでも人間《にんげん》に役立《やくだ》つ姿《すがた》や形《かたち》、性質《せいしつ》をもつ作物《さくもつ》や家畜《かちく》を選《えら》んで残《のこ》しました。それを長《なが》いあいだ続《つづ》けていくと、作物《さくもつ》や家畜《かちく》のとくちょうがさらに強《つよ》められていきます。

こうした人間《にんげん》による作物《さくもつ》・家畜《かちく》の改良《かいりょう》と同《おな》じことが、自然界《しぜんかい》でもおこっているのだ、とダーウィンは考《かんが》えたのです。「人間《にんげん》が選《えら》んで残《のこ》す力《ちから》」を「自《し》然界《ぜんかい》が選《えら》んで残《のこ》す力《ちから》」におきかえて、何万年《なんまんねん》、何《なん》十万年《まんねん》も時間《じかん》をかければ、恐竜《きょうりゅう》のなかまから鳥《とり》も進化《しんか》してくるはずだ、と説明《せつめい》しました。

しかし、作物《さくもつ》や家畜《かちく》の品種改良《ひんしゅかいりょう》は実際《じっさい》に見《み》るこケトルウェルは、工業地帯《こうぎょうちたい》のバーミンガムで、正常型《せいじょうがた》と暗色型《あんしょくがた》にしるしをつけてはなし、ふたたびとらえた数《かず》を記録《きろく》しました。田園地帯《でんえんちたい》のドーセットでも、正常型《せいじょうがた》と部分暗色型《ぶぶんあんしょくがた》で同《おな》じ調査《ちょうさ》をしました。左《ひだり》のグラフは、それぞれの地方《ちほう》での生《い》き残《のこ》った割合《わりあい》を示《しめ》したものです。とらえられなかったものは、全部《ぜんぶ》鳥《とり》に食《た》べられたと考《かんが》えると、木《き》の幹《みき》のよごれた地方《ちほう》では正常型《せいじょうがた》が、よごれていない地方《ちほう》では部分暗色型《ぶぶんあんしょくがた》と暗色型《あんしょくがた》がめだち、鳥《とり》にみつかりやすいことがわかります。

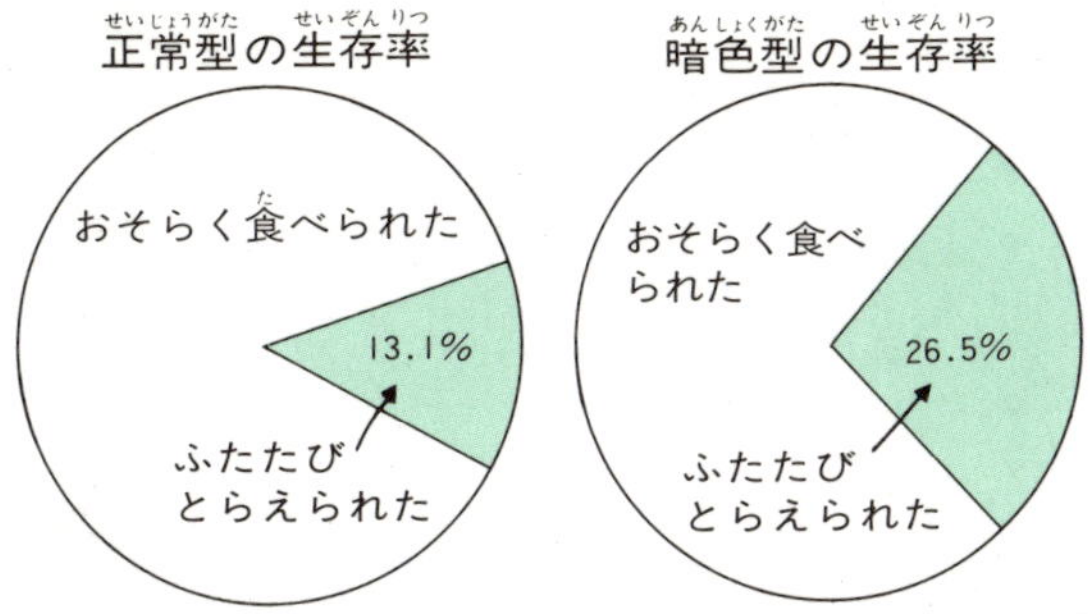

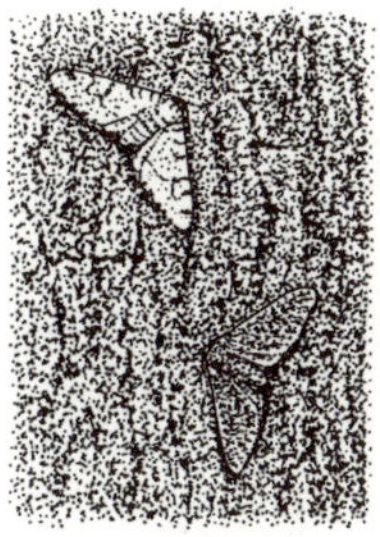

バーミンガム（工業地帯《こうぎょうちたい》）

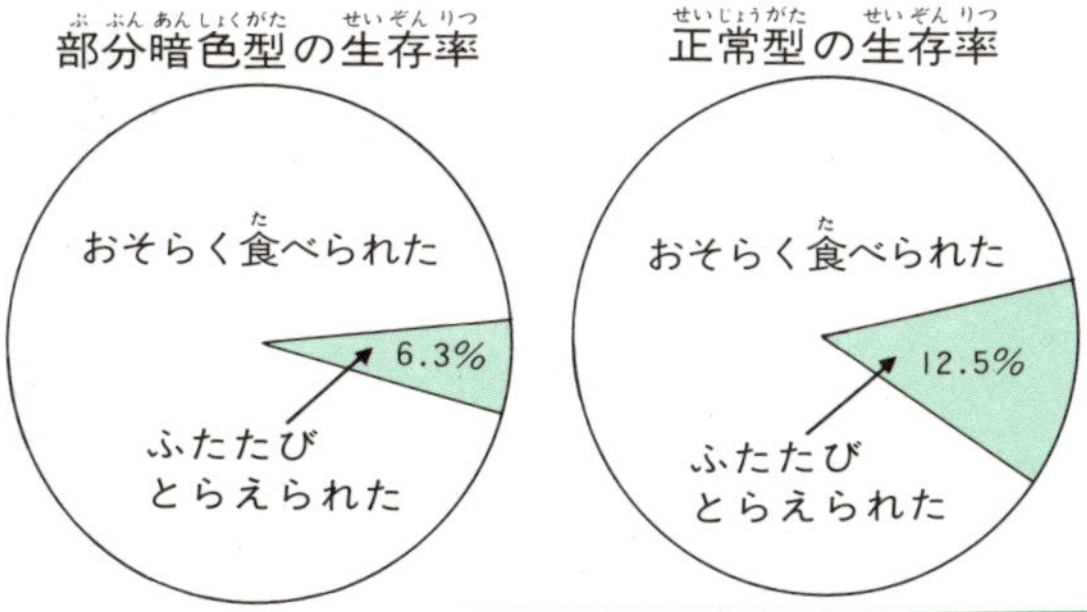

ドーセット（田園地帯《でんえんちたい》）

とができますが、自然界《しぜんかい》でおこる進化《しんか》のようすは長《なが》すぎて見《み》られません。また、自然界《しぜんかい》といっても、広《ひろ》すぎてばくぜんとしています。そのため、ダーウィンの考《かんが》えに反対《はんたい》する人《ひと》もいました。

ところが、虫《むし》の進化《しんか》に鳥《とり》が大《おお》きく影響《えいきょう》している、という例《れい》がみつかったのです。

ダーウィンが進化説《しんかせつ》を発表《はっぴょう》したころのイギリスは、工業《こうぎょう》がさかんになりはじめたころですが、まだ工場《こうじょう》のけむりの影響《えいきょう》はでていませんでした。しかし、約百年《やくひゃくねん》のあいだに、工業地帯《こうぎょうちたい》の木《き》の幹《みき》はすっかりけむりでよごれ、黒《くろ》くなってしまいました。すると、その影響《えいきょう》で、以前《いぜん》たくさんいた正常型《せいじょうがた》のガがへり、反対《はんたい》に少《すく》なかった暗色型《あんしょくがた》のガがふえてきました。この事実《じじつ》を「工業暗化《こうぎょうあんか》」とよんでいます。「工業暗化《こうぎょうあんか》」は、鳥《とり》が木《き》の幹《みき》にとまっている、よくめだつガを多《おお》く食《た》べた結果《けっか》、ひきおこされたのです。これは、比較的《ひかくてき》短《みじか》い期間《きかん》にひきおこされた進化《しんか》の例《れい》として有名《ゆうめい》になりました。

※一八五九年《ねん》、ダーウィンは、「種《しゅ》の起源《きげん》」という本《ほん》で、進化《しんか》のしくみについての基本的《きほんてき》な考《かんが》え方《かた》を発表《はっぴょう》しました。

＊虫《むし》の色《いろ》ともようをさぐる研究《けんきゅう》

「工業暗化《こうぎょうあんか》」の研究《けんきゅう》のほかにも、虫《むし》の色《いろ》や形《かたち》のなぞをさぐるために、いろいろな実験《じっけん》・研究《けんきゅう》が数多《かずおお》くおこなわれてきました。とくに熱心《ねっしん》におこなわれたのは、生物《せいぶつ》の進化《しんか》をみぢかな例《れい》でたしかめることができそうだったからです。その中《なか》から、二つ紹介《しょうかい》しましょう。

●目玉《めだま》もようの実験《じっけん》

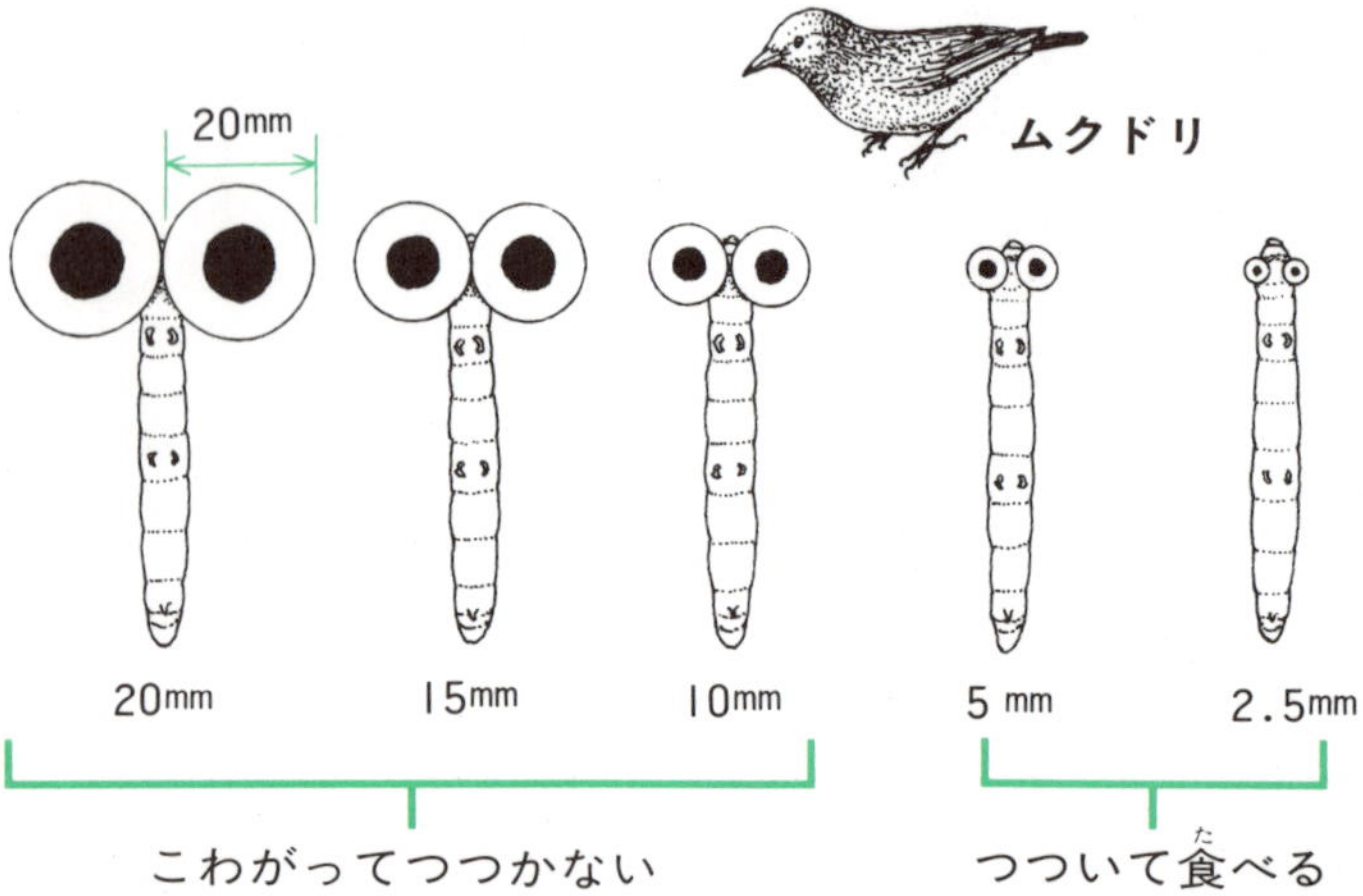

弘前大学《ひろさきだいがく》の城田安幸《しろたやすゆき》さんは、六羽《わ》のムクドリとカイコを使《つか》って、目玉《めだま》もようが小《ちい》さいとつつきの目標《もくひょう》になり、大《おお》きいとおどかしのはたらきをすることを、実験《じっけん》でたしかめました。

カイコには、直径《ちょっけい》二・五ミリメートルの紙《かみ》でつくった目玉《めだま》をはりつけます。ムクドリは六羽《わ》とも、二・五ミリメートルの目玉《めだま》をつつきました。五ミリメートルになると、目玉《めだま》をねらわなくなる鳥《とり》もいますが、食《た》べます。しかし、十ミリメートル以上《いじょう》はこわがって、どこもつつかなくなりました。

⬆最近《さいきん》，かかしにかわって登場《とうじょう》した目玉《めだま》バルーン。鳥《とり》が目玉《めだま》もようをこわがることを応用《おうよう》して考《かんが》えだされたものです。でも，すぐに鳥《とり》はなれてしまうようで，その効果《こうか》のほどはまだよくわかっていません。

●めだつ擬《ぎ》態《たい》の実《じっ》験《けん》

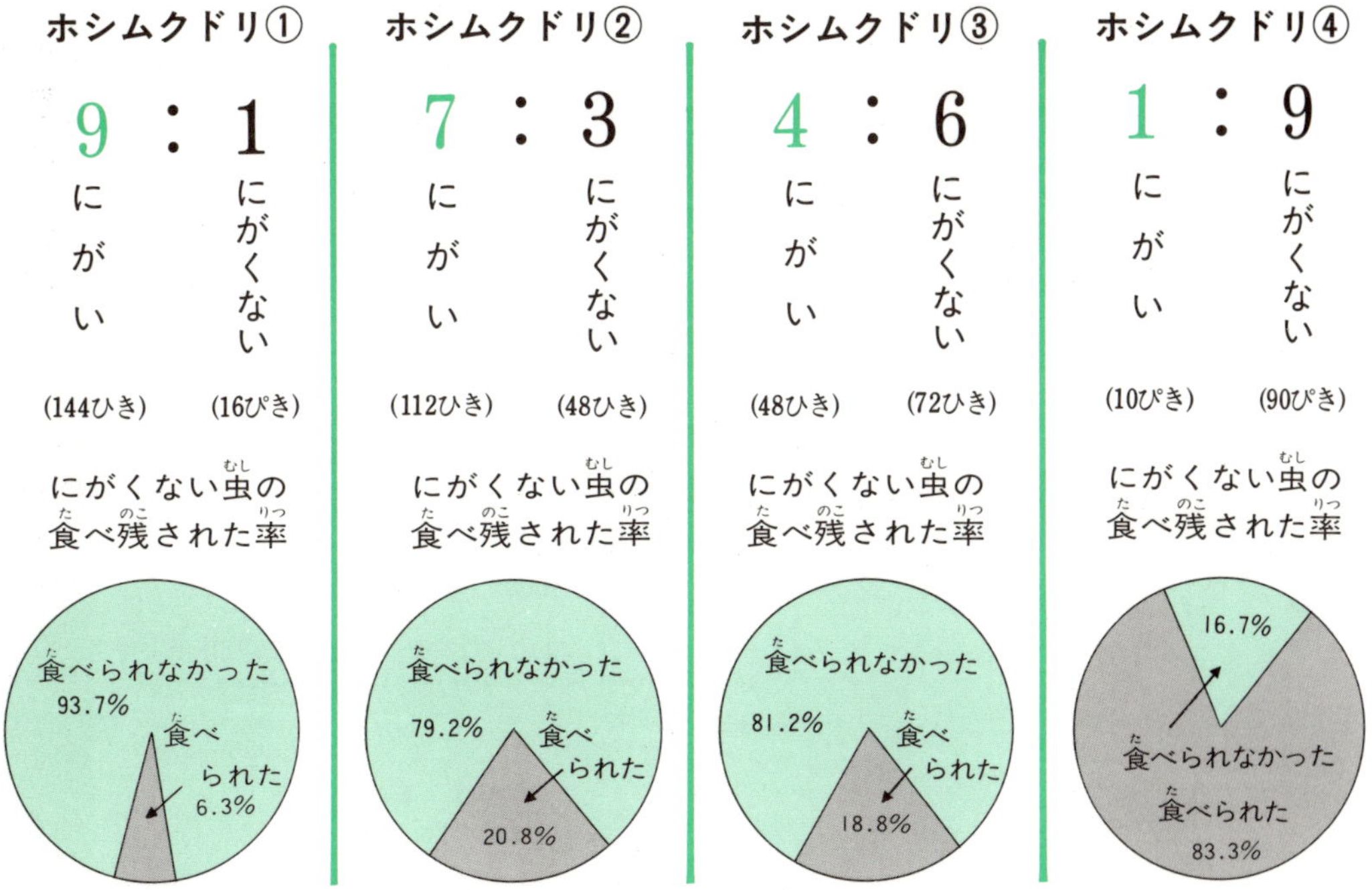

ホシムクドリ①
9：1
にがい
にがくない
(144ひき)
(16ぴき)
にがくない虫《むし》の食《た》べ残《のこ》された率《りつ》
食《た》べられなかった 93.7%
食《た》べられた 6.3%
ホシムクドリ②
7：3
にがい
にがくない
(112ひき)
(48ひき)
にがくない虫《むし》の食《た》べ残《のこ》された率《りつ》
食《た》べられなかった 79.2%
食《た》べられた 20.8%
ホシムクドリ③
4：6
にがい
にがくない
(48ひき)
(72ひき)
にがくない虫《むし》の食《た》べ残《のこ》された率《りつ》
食《た》べられなかった 81.2%
食《た》べられた 18.8%
ホシムクドリ④
1：9
にがい
にがくない
(10ぴき)
(90ぴき)
にがくない虫《むし》の食《た》べ残《のこ》された率《りつ》
16.7%
食《た》べられなかった
食《た》べられた 83.3%

めだつ擬《ぎ》態《たい》の昆《こん》虫《ちゅう》は、警《けい》告《こく》色《しょく》の昆《こん》虫《ちゅう》によくにているために、鳥《とり》に食《た》べられないですみます。これは、たとえば、鳥《とり》が赤《あか》い色《いろ》で味《あじ》のわるい虫《むし》(警《けい》告《こく》色《しょく》)を食《た》べたとすると、つぎによくにた赤《あか》い虫《むし》(めだつ擬《ぎ》態《たい》)をみつけても、食《た》べないようにするからです。

それでは、めだつ擬《ぎ》態《たい》の虫《むし》がたくさんいて、警《けい》告《こく》色《しょく》の虫《むし》が少《すこ》ししかいないとき、鳥《とり》はどうするでしょうか。警《けい》告《こく》色《しょく》の虫《むし》のことをわすれることはないのでしょうか。こうした鳥《とり》の記《き》憶《おく》力《りょく》と擬《ぎ》態《たい》の効《こう》果《か》について実《じっ》験《けん》したのが、アメリカのブラウワーです。

ブラウワーは、甲《こう》虫《ちゅう》の幼《よう》虫《ちゅう》に緑《みどり》色《いろ》のしまもようをつけ、にがい液《えき》をぬったものを警《けい》告《こく》色《しょく》の虫《むし》、ぬらないものを擬《ぎ》態《たい》している虫《むし》としました。四羽《わ》のホシムクドリに、液《えき》をぬった虫《むし》とぬらない虫《むし》の割《わり》合《あい》を九対《たい》一、七対《たい》三、四対《たい》六、一対《たい》九にして、それぞれ計《けい》十ぴきをあたえます。この実《じっ》験《けん》を各《かく》鳥《とり》ごとに十〜十六回《かい》くりかえして、それぞれ液《えき》をぬっていない擬《ぎ》態《たい》の虫《むし》が、どれだけ食《た》べ残《のこ》されたかをしらべました。

警《けい》告《こく》色《しょく》とめだつ擬《ぎ》態《たい》の虫《むし》の割《わり》合《あい》が一対《たい》九のときでも、十七パーセント近《ちか》くが食《た》べ残《のこ》されたのは、数《かず》少《すく》ないにがかった虫《むし》のことを、ホシムクドリ④がよくおぼえていたからなのです。

⬆モンシロチョウの幼虫《ようちゅう》からはいだしてきたアオムシサムライコマコバチの幼虫《ようちゅう》たち。しばらくすると，白《しろ》いまゆをつくり，さなぎになります。モンシロチョウの天敵《てんてき》です。

●虫《むし》をみつける手《て》がかり

手《て》がかり	虫《むし》 の 敵《てき》
色《いろ》や形《かたち》	鳥《とり》　トカゲ
音《おと》	コウモリ
におい	アリ　モグラ　ネズミ 寄生《きせい》バチ　寄生《きせい》バエ
動《うご》き	ハナグモ　ハエトリグモ トカゲ　カエル　カマキリ ムシヒキアブ　ハンミョウ
その他《た》	菌類《きんるい》　ウィルス　細菌《さいきん》 コガネグモ　ジョロウグモ

この本《ほん》では、虫《むし》の色《いろ》や形《かたち》にかくされたひみつについて、非常《ひじょう》によくかくれた虫《むし》、まるでそっくりに擬態《ぎたい》した虫《むし》、あざやかでよくめだつ虫《むし》の例《れい》をあげながら、説《せつ》明《めい》してきました。ということは、かくれ方《かた》のへたな虫《むし》や、なににも擬態《ぎたい》していない虫《むし》、少《すこ》しもめだたない虫《むし》もいるということです。

いままでの説明《せつめい》でいけば、そういう虫《むし》たちは、まっ先《さき》に鳥《とり》に食《た》べられてしまうはずですね。いつも先《さき》に食《た》べられていたら、その虫《むし》はすぐにほろびてしまうのではないでしょうか。

でも、虫《むし》をとらえるのは鳥《とり》だけではないのです。においでねらうネズミやモグラ、そして超音波《ちょうおんぱ》を利用《りよう》するコウモリもいます。鳥《とり》をうまくさけていても、コウモリやネズミにたくさん食《た》べられてしまうなら、擬態《ぎたい》のじょうずな虫《むし》だらけになったり、めだつ虫《むし》だらけになったりすることは、けっしてないのです。

自然界《しぜんかい》の食《く》ったり食《く》われたりする関係《かんけい》を「食物連鎖《しょくもつれんさ》」、

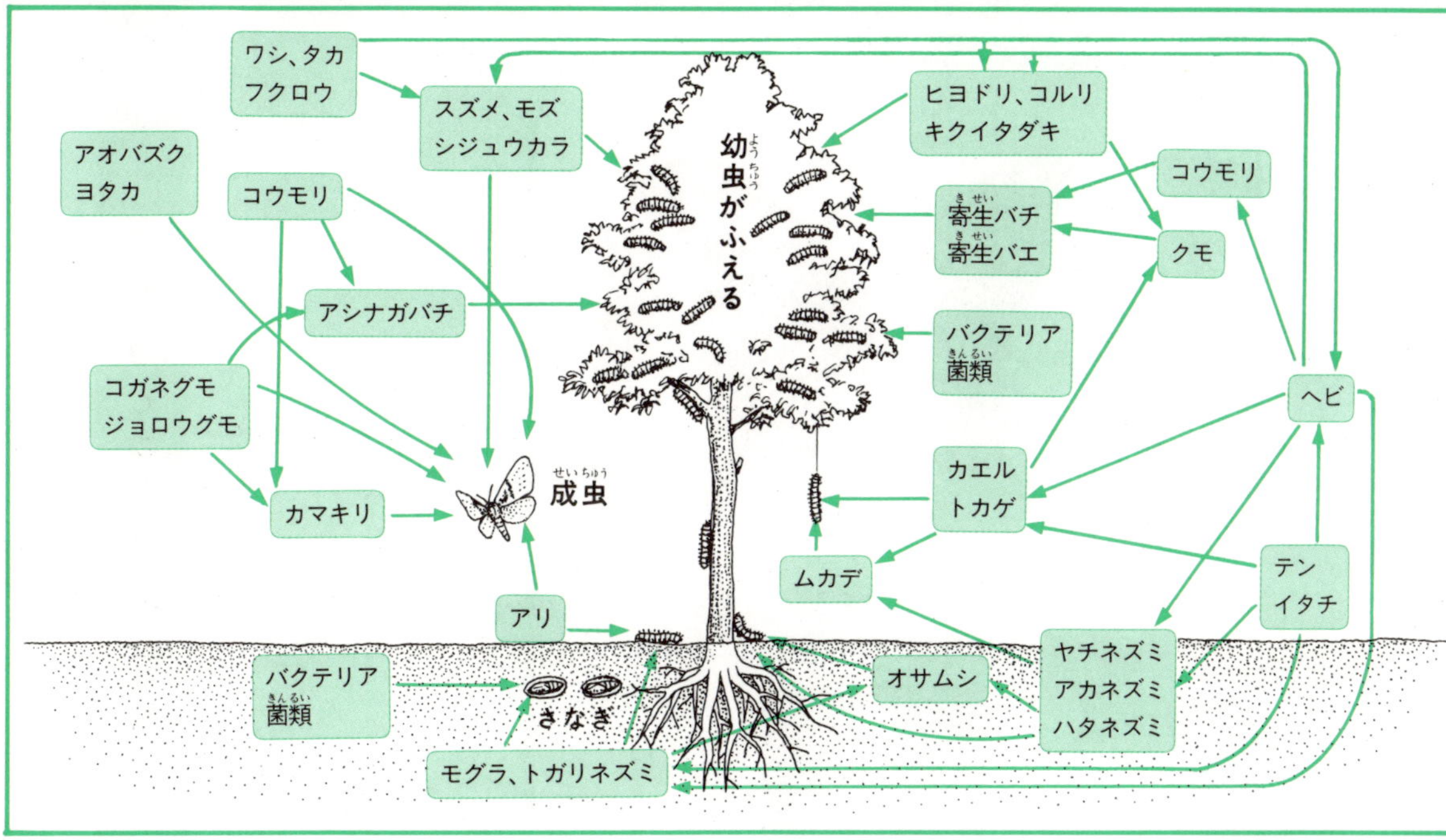

ガをめぐる食物連鎖《しょくもつれんさ》の例《れい》

または、「食物網《しょくもつもう》」といいます。食《く》う食《く》われるの関係《かんけい》は、くさりのように、あみの目《め》のように複雑《ふくざつ》にからみあっている、という意味《いみ》です。複雑《ふくざつ》にからみあっていると、ある一種類《しゅるい》の生《い》き物《もの》がふつうよりふえすぎたりすると、たちまちいろいろな天敵《てんてき》があらわれてきて、ふつうの数《かず》にもどしてしまいます。

たとえば、いままで虫《むし》をとらえる大《おお》きな動物《どうぶつ》しかあげませんでしたが、同《おな》じぐらいの大《おお》きさのクモやカマキリ、ハンミョウ、ムシヒキアブなども虫《むし》を専門《せんもん》に食《た》べるのです。また、小《ちい》さいアリでもたくさん集《あつ》まって、大《おお》きな虫《むし》を生《い》きたまま巣《す》に運《はこ》びこんだりします。

そして、さらに大部分《だいぶぶん》の昆虫《こんちゅう》にはそれぞれ寄生《きせい》バチや寄生《きせい》バエという天敵《てんてき》がいます。また、ウィルスや細《さい》菌《きん》による病気《びょうき》もあります。これで、たいへんな数《かず》のなかまが殺《ころ》されたり、死《し》んだりするのです。

そんなわけで、自然界《しぜんかい》の中《なか》では、ある特定《とくてい》の種類《しゅるい》の生《い》き物《もの》だけが、異常《いじょう》にふえることはできないしくみになっているのです。

＊いくつもある色《いろ》と形《かたち》の意味《いみ》

いままで、虫《むし》の色《いろ》と形《かたち》を、鳥《とり》が食《た》べたり食《た》べなかったりすることによってつくられるという面《めん》だけから、見《み》てきました。

しかし、虫《むし》の色《いろ》と形《かたち》のもつ意味《いみ》はそれだけではありません。チョウを例《れい》にとって、いくつもある色《いろ》と形《かたち》の意味《いみ》を考《かんが》えてみましょう。

●なかまをみつける目《め》じるし

山下恵子《やましたけいこ》さんと日高敏隆《ひだかとしたか》さんのアゲハチョウの研究《けんきゅう》では、めすのはねをばらばらにして、黒《くろ》の部分《ぶぶん》と黄色《きいろ》の部分《ぶぶん》を別《べつ》べつにわけてしまうと、どちらもおすをあまりひきつけませんでした。

でも、黒《くろ》い紙《かみ》にはねの黄色《きいろ》い部分《ぶぶん》をしま状《じょう》にはったものをつくると、おすをよくひきつけました。おすがめすをみつける手《て》がかりは、形《かたち》ではなく、はねのもようなのです。

アゲハチョウのめす

黄色《きいろ》い部分《ぶぶん》だけを集《あつ》めたもの

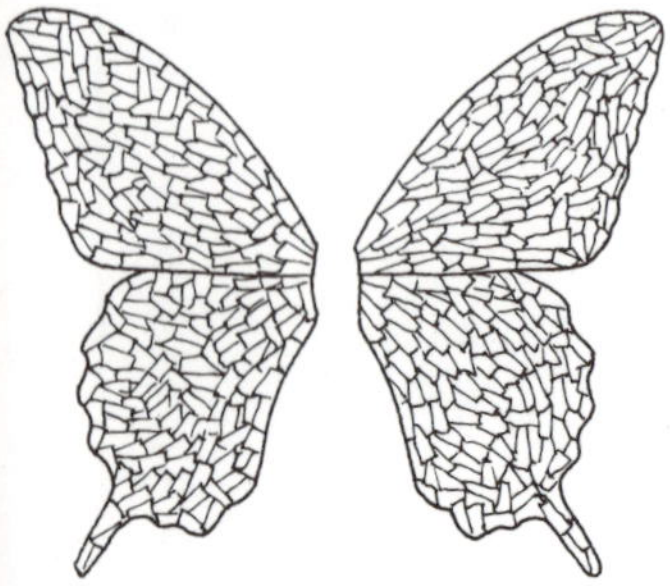

近《ちか》くまでくるが，なにもせずに飛《と》び去《さ》ってしまう

黒《くろ》い紙《かみ》に黄色《きいろ》い部《ぶ》分《ぶん》をはったもの

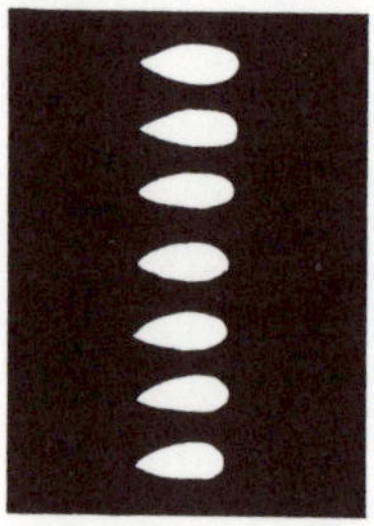

おすは近《ちか》づいて前《まえ》あしでふれる

黒《くろ》い部分《ぶぶん》だけを集《あつ》めたもの

おすはまったく近《ちか》よらない

⬆地面《じめん》にとまっているアゲハチョウのめす(右《みぎ》)の前《まえ》で，うしろ向《む》きのままではばたきながら近《ちか》づいていくおす(左《ひだり》)。

●体温《たいおん》を調節《ちょうせつ》する

①はねの色《いろ》とすむ場所《ばしょ》

チョウのはねの色《いろ》は、体温調節《たいおんちょうせつ》とも関連《かんれん》しています。昆虫《こんちゅう》は自分《じぶん》で体温《たいおん》を一定《いってい》にたもつことができません。温度《おんど》が下《さ》がると、日《ひ》なたにでて体温《たいおん》を上《あ》げ、温度《おんど》が上《あ》がると、日《ひ》かげで休《やす》みます。

真夏《まなつ》の暑《あつ》い日《ひ》に、はねに黄色《きいろ》い部分《ぶぶん》の多《おお》いアゲハチョウやキアゲハは、へいきで日《ひ》なたを飛《と》んでいます。でも、熱《ねつ》を吸収《きゅうしゅう》しやすい黒《くろ》い色《いろ》のチョウたちは、日《ひ》かげからでることができません。

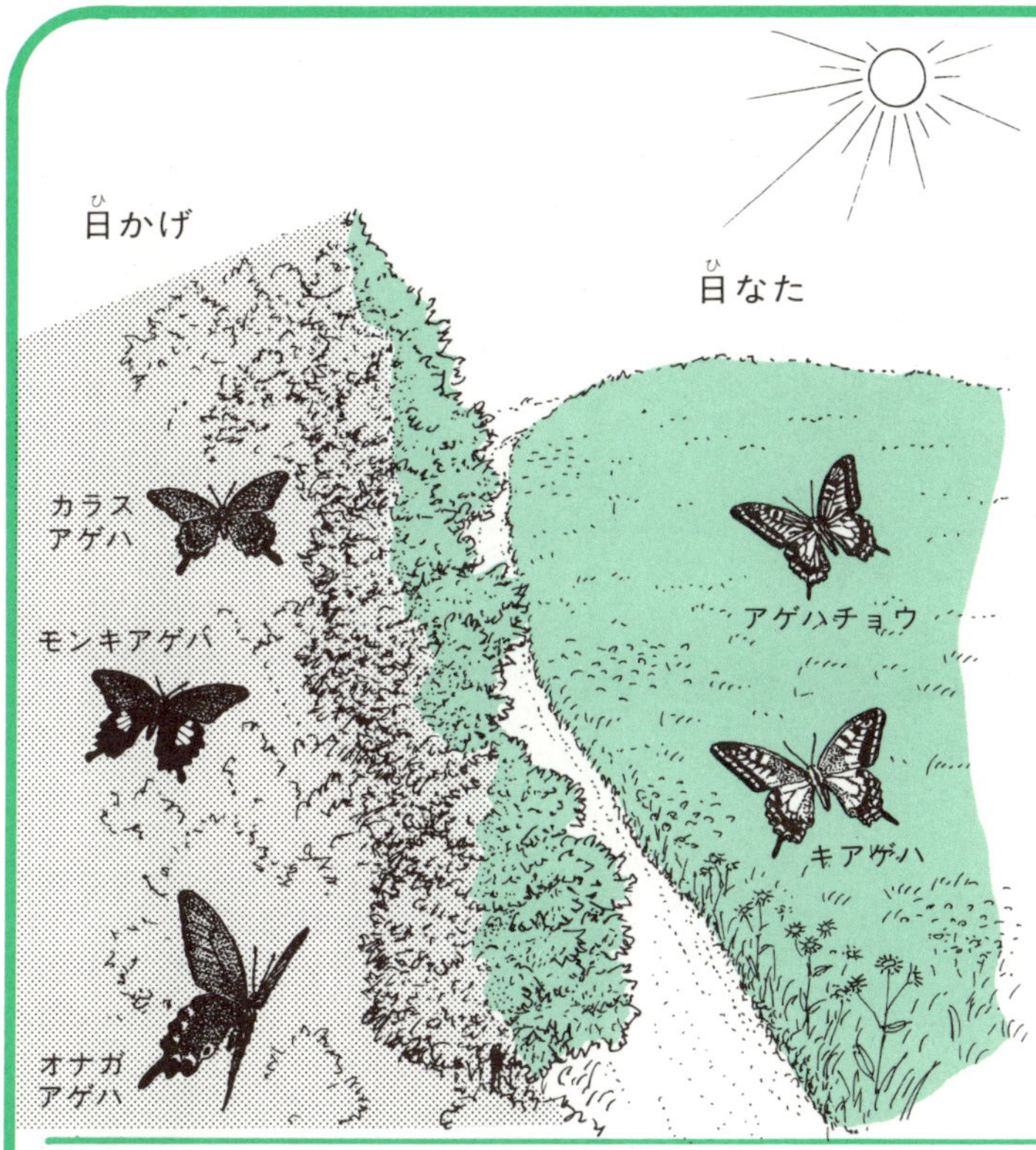

②気温《きおん》の変化《へんか》によるはねの使《つか》いわけ

モンシロチョウのはねは、ほとんど白色《はくしょく》です。モンシロチョウを春《はる》から秋《あき》にかけて、一日中《にちじゅう》おいかけてみると、はねをうまく使《つか》って、体温《たいおん》を調節《ちょうせつ》していることがわかります。

そのときの気温《きおん》と太陽《たいよう》のあるなしで、はねが日《ひ》かげをつくる傘《かさ》になったり、太陽《たいよう》の熱《ねつ》を受《う》けるパネル板《ばん》になったり、体温《たいおん》をにがさないためのコートの役目《やくめ》をしたりするのです。

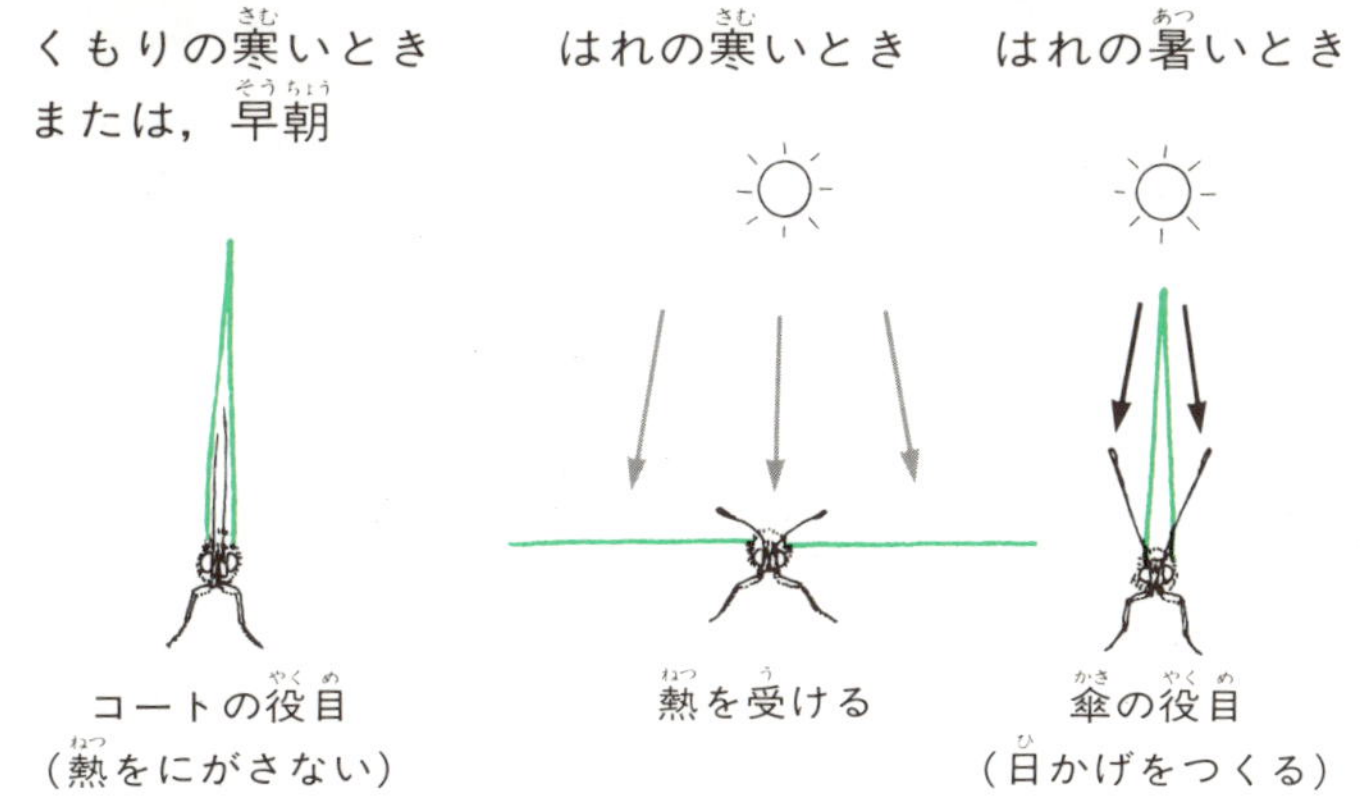

⇐キャベツにとまっているモンシロチョウのおす。暑《あつ》くも寒《さむ》くもないときは、はねを半開《はんびら》きにしています。

●めだつ擬態《ぎたい》の虫《むし》は、どのように進化《しんか》してきたのだろうか

ハチをとろうとして鳥《とり》が，ハチにさされます。

鳥《とり》はハチを見《み》ても食《た》べようとしなくなります。

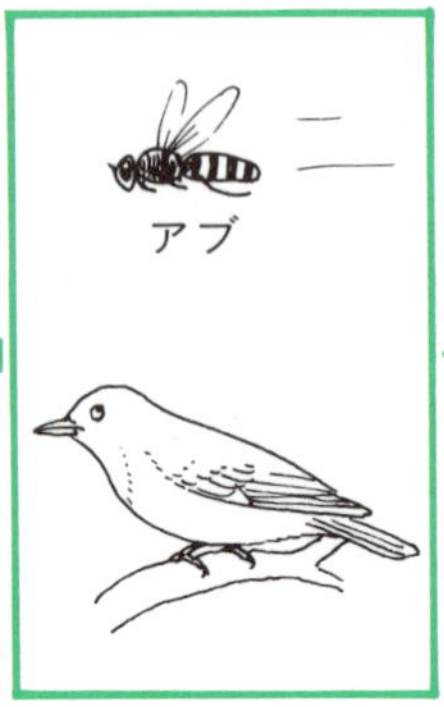

鳥《とり》はハチににた虫《むし》を見《み》ても食《た》べようとしません。

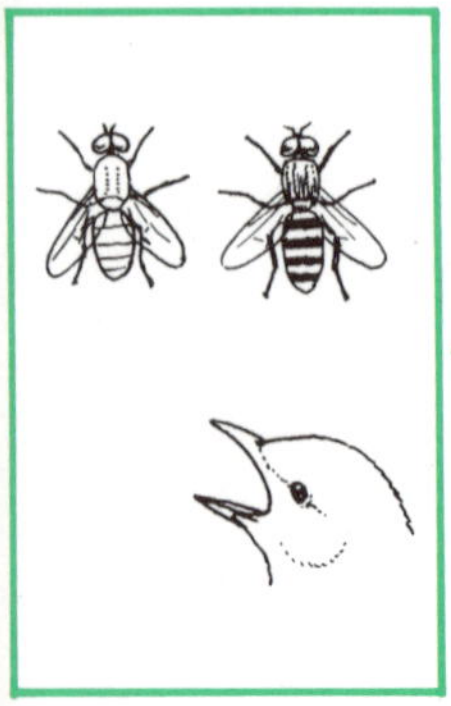

同《おな》じなかまでも，ハチににていない方《ほう》が食《た》べられます。

ダーウィンは、「人間《にんげん》がイネやウシを改良《かいりょう》した力《ちから》」を「自然界《しぜんかい》が生物《せいぶつ》を改良《かいりょう》した力《ちから》」におきかえて、進化《しんか》のしくみを考《かんが》えました。しかし、「自然界《しぜんかい》」のしくみは、しらべればしらべるほど複雑《ふくざつ》です。たとえば、虫《むし》の色《いろ》や形《かたち》というのは、自然界《しぜんかい》のある一面《いちめん》でしかありません。そして、色《いろ》や形《かたち》は、敵《てき》から身《み》を守《まも》るだけでなく、なかまへの合図《あいず》になったり、体温《たいおん》の調節《ちょうせつ》に関連《かんれん》したりします。だから、「工業暗化《こうぎょうあんか》」というような百年《ひゃくねん》にもわたる研究《けんきゅう》のすばらしい結果《けっか》でさえも、進化《しんか》のごく一部《いちぶ》がわかっただけで、進化《しんか》のしくみが証明《しょうめい》されたわけではないのです。

それでは、そのわかった「ごく一部《いちぶ》」とはなんでしょうか。

一つは、虫《むし》の色《いろ》と形《かたち》をつくりだすのに「鳥《とり》が食《た》べること」が大《おお》きな力《ちから》になっているということ。また、それが「人間《にんげん》が作物《さくもつ》や家畜《かちく》を改良《かいりょう》する」のによくにていることです。

人間《にんげん》と鳥《とり》のちがいは、人間《にんげん》が自分《じぶん》に役立《やくだ》つものをのこすのに、鳥《とり》は「食《た》べてしまう」ということにあります。だから、作物《さくもつ》や家畜《かちく》のめだつところは、人間《にんげん》にとって必要《ひつよう》な部分《ぶぶん》ですが、虫《むし》の色《いろ》や形《かたち》のめだつところは、鳥《とり》にとって「いらない、のこす」部分《ぶぶん》です。

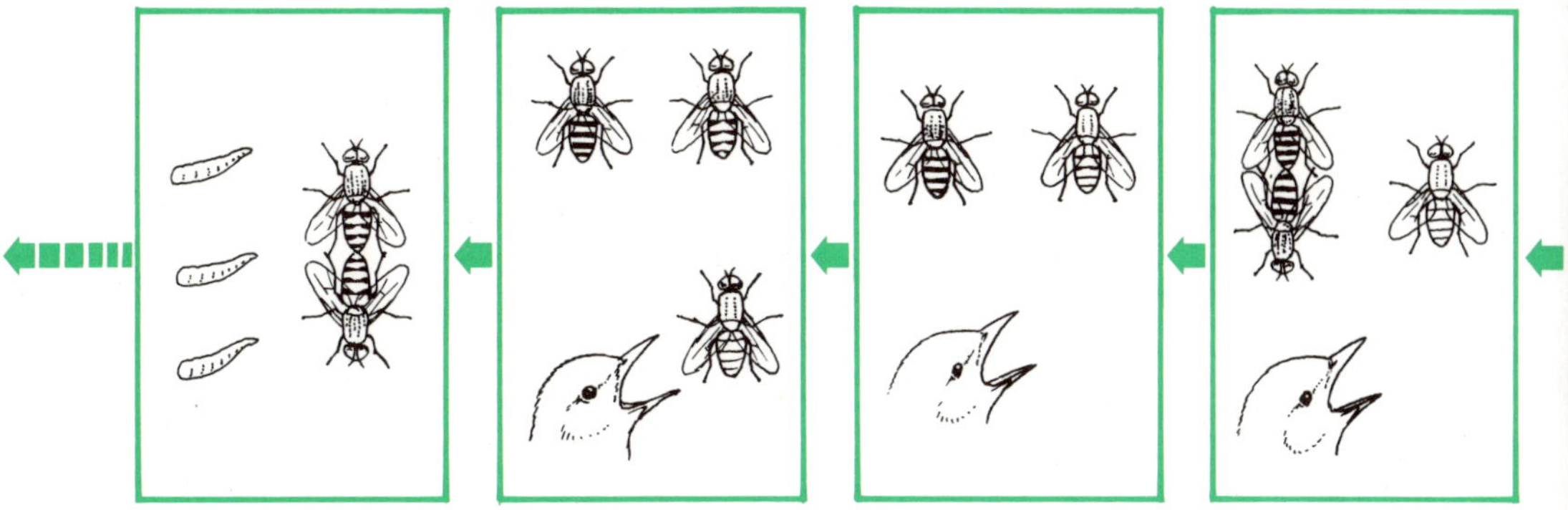

にたものどうしが交尾《こうび》して子《こ》どもができます。

鳥《とり》は少《すこ》しでもハチににていない方《ほう》を選《えら》んで食《た》べます。

ハチににている方《ほう》が，より多《おお》く生《い》き残《のこ》ります。

にたものどうしで交尾《こうび》して子《こ》どもができます。

　つまり、鳥《とり》が、少《すこ》しでもみつけやすかったり、めだったりする虫《むし》から食《た》べていくので、あとにのこるのは、みつかりにくい虫《むし》、めだたない虫《むし》になってしまうのです。鳥《とり》が「虫《むし》のかくれ方《かた》」をみやぶって、虫《むし》を食《た》べれば食《た》べるほど、ますます「じょうずな虫《むし》のかくれ方《かた》」をつくってしまうことになります。逆《ぎゃく》に、おいしくない虫《むし》、いやな虫《むし》、そしてそれらによくにている虫《むし》はなるべく食《た》べないようにするので、どんどんめだつようになっていきます。

　こうしたちがいをのぞけば、「人間《にんげん》による選《えら》びわけ」と「鳥《とり》による食《く》いわけ」はよくにています。人間《にんげん》がより有用《ゆうよう》な性質《せいしつ》をもつ作《さく》物《もつ》や家畜《かちく》を選《えら》びわけるのと同《おな》じように、鳥《とり》も虫《むし》の色《いろ》や形《かたち》にもとづいて食《た》べわけているのです。もし鳥《とり》が虫《むし》の目玉《めだま》もようをつくりだしたとすれば、人間《にんげん》も同《おな》じようなことができるはずです。城田安幸《しろたやすゆき》さんは、実際《じっさい》に目玉《めだま》もようがあるカイコを品種改良《ひんしゅかいりょう》しました。

　この本《ほん》で説明《せつめい》した「鳥《とり》の食《く》いわけ」と「虫《むし》の色《いろ》と形《かたち》」の関係《かんけい》だけでなく、多《おお》くの生《い》き物《もの》がくらしている自然界《しぜんかい》では、もっといろいろなことがおこり、それがそれぞれの生《い》き物《もの》に影響《えいきょう》をあたえています。自然界《しぜんかい》は進化《しんか》がおこっている現場《げんば》です。しかし、進化《しんか》がどのようなしくみでおこるか、まだ多《おお》くのなぞがのこっています。

あとがき

どこにでもいる昆虫《こんちゅう》やクモ。かれらは独自《どくじ》の生活《せいかつ》をしています。そして、それぞれの色《いろ》と形《かたち》とをもっています。写真家《しゃしんか》の栗林《くりばやし》さんといっしょに野《の》や山《やま》を歩《ある》きまわったとき、そうした虫《むし》たちのさまざまな色《いろ》と形《かたち》に出会《であ》いました。自然《しぜん》の中《なか》でくらしている虫《むし》たちは、標本箱《ひょうほんばこ》や図鑑《ずかん》で見《み》る色《いろ》や形《かたち》とずいぶんちがうのです。わたしたちは虫《むし》たちのじょうずなかくれ方《かた》、すぐれたくらし方《かた》にびっくりしました。また、ほかの虫《むし》ににている虫《むし》をみつけて、さらにおどろきました。

そうしたおどろきの気持《きも》ちをそのまま本《ほん》にしようと、栗林《くりばやし》さんと話《はな》し合《あ》いました。だから、写真《しゃしん》には実際《じっさい》に見《み》たことのない外国《がいこく》の虫《むし》の例《れい》はださないようにして、みなさんのみぢかにいる虫《むし》だけにしました。

いままで、擬態《ぎたい》というと、そのなりたちを考《かんが》えるよりも、「そっくりさん」をおもしろおかしくとりあげる傾向《けいこう》にありました。なりたちを考《かんが》えようとすると、かならず「進化《しんか》」の問題《もんだい》につきあたり、それをやさしく説明《せつめい》することが簡単《かんたん》なことではなかったからでしょうか。わたしは、擬態《ぎたい》や保護色《ほごしょく》の説明《せつめい》に「進化《しんか》」のことをさけてしまっては、虫《むし》のふしぎに接近《せっきん》できないと感《かん》じました。

この本《ほん》で紹介《しょうかい》した虫《むし》のふしぎ……、みなさんはどんな感想《かんそう》をもったでしょうか。虫《むし》の色《いろ》と形《かたち》をもう一度《ど》みなおしたら、別《べつ》のふしぎに出会《であ》うかもしれません。

大谷《おおたに》　剛《たけし》

■写真────────────────────栗林《くりばやし》 慧《さとし》(左)

1939年、中国大陸の瀋陽に生まれる。

東京でサラリーマン生活を経た後、1969年よりフリーの生物生態写真家となる。1977年からは、少年時代を過ごした郷里の長崎県田平町に移り住み、栗林慧自然科学写真研究所を主宰する。

1978年、日本写真協会新人賞、1978年、伊奈信男賞を受賞。著書は、「源氏螢」(ネーチャーブックス)、「昆虫の飛翔」(平凡社)など多数ある。

■文────────────────────大谷《おおたに》 剛《たけし》(右)

1947年、福島県に生まれる。

東京農業大学を卒業後、北海道大学理学部の研究生、大学院生を経て、1981年より栗林慧自然科学写真研究所のスタッフとなり、研究活動に携わる。理学博士。

著書は、栗林氏と共著の「ミツバチ」(偕成社)。昆虫の行動・生態に関する英文論文が8編ある。

■表紙写真

クワゴの幼虫《ようちゅう》の胸《むね》には、敵《てき》を一瞬《いっしゅん》ひるませる大きな目玉もようがついています。

■裏表紙写真

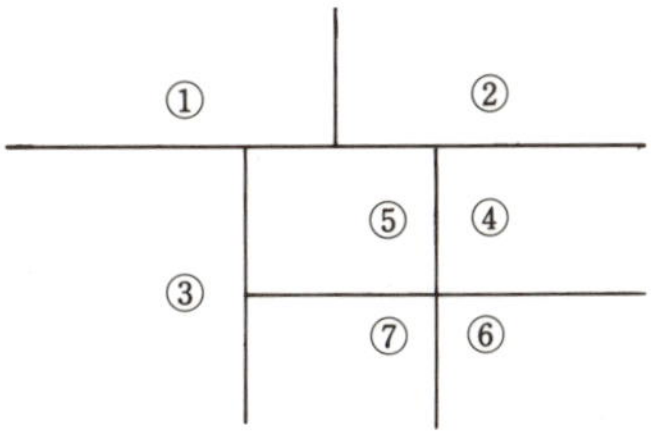

①群《む》れでとまっているアオバハゴロモの成虫《せいちゅう》は、木《き》の芽《め》のようでめだちません。

②アケビコノハの幼虫は、敵におそわれるとからだをふくらませ、目玉もようをみせつけます。

③クロスズメの成虫《せいちゅう》は、木の幹《みき》にとまるとまわりの色やもようにとけこんでめだちません。

④アゲハチョウの幼虫は、まるで鳥のふんのような姿《すがた》をしているので、敵の注意をそらすことができます。

⑤クロアゲハの幼虫(終齢《しゅうれい》)は、敵におそわれるといやなにおいのする角《つの》をにゅーっとだします。

⑥よくめだつ色やもようのナナホシテントウは、いやなにおいのするしるをだします。

⑦クロボシツツハムシは、テントウムシとよくにていますが、いやなにおいのするしるはだしません。

■扉写真

ベッコウハゴロモの幼虫は、しりの先からだしたロウ物《ぶっ》質《しつ》でワタ毛のようなものをつくり、からだをかくします。

■目次写真

クローバーの葉の上にとまったキリギリスの幼虫は、まわりの色にとけこんでめだちません。

NDC486　23cm×19cm　62P

■科学のアルバム㊇

昆虫のふしぎ　色と形のひみつ

■著者　栗林 慧　大谷 剛

■発行者　岡本雅晴

■印刷　(株)精興社

■製本　中央精版印刷(株)

■写植　(株)田下フォト・タイプ

■発行所　(株)あかね書房

〒101-0065　東京都千代田区西神田3-2-1

電話　東京(3263)0641(代)

■発行　2004年3月発行

ISBN4-251-03386-8

全国学校図書館協議会推薦・基本図書
サンケイ児童出版文化賞大賞受賞

科学のアルバム

虫

モンシロチョウ
アリの世界
カブトムシ
アカトンボの一生
セミの一生
アゲハチョウ
ミツバチのふしぎ
トノサマバッタ
クモのひみつ
アシナガバチ
カマキリのかんさつ
鳴く虫の世界
カイコ まゆからまゆまで
テントウムシ
クワガタムシ
カミキリムシ
ホタル 光のひみつ
オオムラサキ
高山チョウのくらし
昆虫のふしぎ 色と形のひみつ
ギフチョウ
水生昆虫のひみつ

鳥

シラサギの森
タンチョウの四季
ライチョウの四季
ツバメのくらし
たまごのひみつ
ウミネコのくらし
フクロウ
カラスのくらし
キツツキの森
モズのくらし
ハヤブサの四季

動物

カエルのたんじょう
カニのくらし
いそべの生物
ニホンカモシカ
サンゴ礁の世界
海の貝
ムササビの森
カタツムリ
モリアオガエル
エゾリスの森
シカのくらし
ネコのくらし
ヘビとトカゲ
森のキタキツネ
サケのたんじょう
コウモリ
カメのくらし
メダカのくらし
ヤマネのくらし
ヤドカリ

地学

雲と天気
きょうりゅう
しょうにゅうどう探検
雪の一生
火山は生きている
水 めぐる水のひみつ
塩 海からきた宝石
氷の世界
鉱物 地底からのたより
砂漠の世界

植物

アサガオ たねからたねまで
食虫植物のひみつ
ヒマワリのかんさつ
イネの一生
高山植物の一年
サクラの一年
ヘチマのかんさつ
サボテンのふしぎ
リンゴ くだもののひみつ
ツクシのかんさつ
キノコの世界
たねのゆくえ
コケの世界
ジャガイモ
植物は動いている
水草のひみつ
紅葉のふしぎ
ムギの一生
ユリのふしぎ
ドングリ
花の色のふしぎ

天文

月をみよう
星の一生
太陽のふしぎ
星座をさがそう
惑星をみよう
星雲・星団をみよう
彗星 ほうき星のひみつ
惑星の探検
流れ星・隕石

別巻

夏休み昆虫のかんさつ
夏休み植物のかんさつ
四季のお天気かんさつ
四季の野鳥かんさつ